JN418995

바다는
잠들지
않는다

바다는 잠들지 않는다

김성만 지음

KRIMA 21세기군사연구소
Korea Research Institute for Military Affairs

바다는 잠들지 않는다

저　자 | 김성만
펴 낸 이 | 김진욱
펴 낸 곳 | 21세기군사연구소
디 자 인 | 최덕영
등록번호 | 라-7085호
등록일자 | 1995년 3월 6일
초판인쇄 | 2013년 10월 1일

주　소 | 서울특별시 영등포구 여의대방로 141 6층(신길동, 순흥빌딩)
21세기군사연구소
전　화 | 02-842-3105~7
팩　스 | 02-842-3108
홈페이지 | http://www.military.co.kr

ISBN 978-89-87647-56-2 03390
정　가 | 10,000원

좋은 독자가 좋은 책을 만듭니다.
21세기군사연구소는 독자 여러분의 의견에 항상 귀 기울이고 있습니다.

머리글

바람이 없다. 파도가 잔잔하다. 해상경비(海上警備)하기에는 좋은 날씨다. 수평선 너머에는 북한 어선들이 여러 척 선단(船團)으로 고기를 잡고 있다. 어선들 속에 북한 경비정이 숨어 있다. 레이더 상에 거의 같은 크기다. 소형 고속정인 것 같다. 우리 어선은 해질녘에 이미 연평도 포구로 들어갔다. 아침 일찍 50여 척이 나왔다가 꽃게를 잡아 돌아갔다. 과거부터 서해5도 지선어선들은 야간조업을 하지 않는다.

우리 어선이 돌아가자 북한 어선들은 북방한계선(NLL) 근처까지 내려왔다. 밤 10시가 지났는데 가지 않고 있다. 성어기에는 야간 조업하는 경우가 종종 있다. 군(軍)소속이라고 알려져 있다. 무장도 하고 있을 것이다. 그러니 어선이라고 경계심을 늦추어서는 안 된다. 어선군(漁船群)과 우리와는 거리가 가까워졌다. 어선들 속에 있는 북한 경비정은 여전히 식별이 되지 않고 있다. 상호 함포의 유효사거리 내다. 전투배치(戰鬪配置)하고 대응태세를 유지하고 있다. 이미 수 시간째다. 북한 함정도 같은 태세일 것이다.

만약 우리가 이렇게 우리 해역(海域)을 지키지 않으면 북한 함정은 어선을 데리고 NLL을 넘어 내려와 조업할 것이다. 연평어장의 우리 그물도 걷어갈 것이다. 만약 북한 함정과 어선에 특수부대가 타고 있다면 서해5도에 기습상륙을 시도할 수 있다. 그래서 바다는 조용할 날이 없다. 함정의 대치는 밤낮이 없다. 이미 60여년이다. 철책이 없는 바다, 긴장을 놓을 수 없다.

서해5도는 6 · 25전쟁 정전협정(1953.7.27)에 대한민국의 영토로 명기되어 있다. NLL(북방한계선)은 비록 유엔군사령부가 1953년 8월 30일에 일방적으로 선포한 선이나 실질적인 남북 해상군사경계선이고 해상휴전선이다. 그런데 북한이 2009년 1월에 서해NLL을 전면 부정하면서 남북기본합의서(1992년 발효)상의 서해 해상군사경계선에 관한 조항들을 폐기했다. 2009년 5월에는 서해5도의 법적지위를 부정하면서 서해5도 인근에서 활동하는 우리 함정과 선박의 안전을 보장하지 않겠다고 선언했다. 당시 우리 정부는 북한이 왜 이런 억지주장을 하는지 제대로 알지 못했다.

북한은 2009년 가을부터 서해NLL과 서해5도에 대한 무력도발을 시작했다. 북한 경비정이 2009년 11월 10일에 대청도 동쪽의 NLL을 침범하면서 대청해전을 도발했다. 2009년 12월 21일에는 서해5도 우리 수역을 자기들의 '해상사격훈련구역'으로 선포했다. 2010년 1월 27일~29일에는 우리 수역에 해안포/방사포를 대량으로 발사했다. 2010년 3월 26일에는 천안함을 폭침(爆沈)했다. 2010년 8월 9일에는 백령도와 연평도 우리 수역에 해안포를 사격했다. 2010년 11월 23일에는 연평도를 무차별 포격했다. 이는 휴전협정, 국제법, 남북기본합의서를 모두 위반한 것이다. 과거에는 없던 일이다. 우리 정부는 북한이 왜 이런 도발을 하는지 잘 알지 못했다.

그런데 이에 대한 실마리가 풀리기 시작했다. 2012년 대선(大選) 전의 일이다. 우리 대선후보가 2012년 9월 13일에 "서해에서 기존의 남북 간 해상경계선만 존중된다면 10·4 남북정상회담(2007.10.4)에서 합의한 서해 공동어로수역 및 평화수역 설정방안 등도 북한과 논의해볼 수 있다"고 밝혔다. 이에 대해 2012년 9월 29일 북한 국방위가 "10·4 선언[1]에 명기된 서해에서의 공동어로와 평화수역 설정문제는 북방한계선 자체의 불법무법성을 전제로 한 북남합의조치의 하나이다"라고 말했다. 이것은 제2차 남북정상회담에서 NLL에 대해 모종의 합의가 있었음을 의미하는 것으로 해석이 가능하다.

새누리당 정문헌 의원은 2012년 10월 8일 통일부 국정감사에서 정상회담 대화록의 일부 내용이라며 "노무현 전(前) 대통령은 김정일에게 'NLL 때문에 골치 아프다. 남측은 앞으로 NLL을 주장하지 않을 것이며 공동어로 활동을 하면 NLL 문제는 자연스럽게 사라질 것' 이라며 구두 약속을 해줬다"고 말했다.[2] 이후 정치권에서는 고소 · 고발사건이 이어졌다.

국정원은 2013년 6월 24일 국회 정보위 소속 의원들에게 '2007 남북정상회담 회의록' 전문(A-4용지 103쪽

---

1) 2007남북정상선언(2007.10.4)의 약칭이다. 노무현 대통령과 북한 김정일 국방위원장이 서명한 합의서다. '서해 공동어로수역을 설정한다' 는 합의내용을 두고 서해 북방한계선(NLL)을 무력화하려는 북한 전술에 말려들었다는 비판이 일었다. 또 북한의 철도 · 고속도로 개 · 보수 등 각종 경협 합의이행에 14조원(통일부 추산)~50조원(민간기관 추산)이 드는 경제적 부담도 문제로 지적됐다. (정문헌 "盧 · 金 별도 회담, 北이 녹음"… 이재정 "말도 안되는 얘기", 조선일보, 2012.10.9 자료 인용).

2) "2007년 정상회담 비공개 대화록, 국회 외통위 국감서 논란", 『중앙일보』, 2012.10.9.

분량)을 배포했다. 전문이 언론을 통해 공개되었다. 이후 우리 정치권은 노무현 전 대통령의 서해NLL 포기 발언 여부를 놓고 사생결단(死生決斷)식 정치 공방을 벌리고 있다. 이로 인해 국내 여론은 분열되고 남남갈등이 증폭되고 있다. 그런데 정작 지금 우리가 해야 할 일은 북한의 주장과 도발 등을 살펴보고 어떤 후속조치를 취해야 할 것인가에 있다. 어떻게 해야 국가생명선인 NLL을 완벽히 지켜낼 것인가에 있다. 남북정상회담(10·4선언과 국정원보유 대화록)과 전후를 중심으로 북한의 NLL무효화(무력화) 책동을 집중 분석했다. 북한이 NLL재설정 주장의 근거로 삼는 남북기본합의서(1992년)의 해당 조항과 북한의 1999년 서해 해상군사분계선 설정 주장을 살펴봤다. 마지막으로 우리 정부가 추진해야 할 대비책을 제시했다. 누구의 잘잘못을 가리고자 하는 것이 아니다. 객관적인 입장에서 분석했다. 국방부의 공식적인 자료가 제한됨을 밝힌다. 공정성을 제고하기 위해 공개된 일반자료와 언론보도를 많이 인용했다.

2013년 9월

서울 은평구 수색동 봉산 기슭에서

김성만 씀

[[순 서]]

제1장 북방한계선(NLL)

제2장 NLL 재설정 문제

제3장. 제2차 남북정상회담 대화록과 공동어로수역 분석

제4장. 대비책

부록. 북한의 주요 해상도발

제 1 장
북방한계선(NLL)

제 1 장

북방한계선(NLL)

1. 북방한계선의 범위

북방한계선은 남북 간의 실질적인 해상군사경계선(海上軍事境界線)이다. 6·25전쟁 직후인 1953년 8월 30일에 설정되었다. 동해는 218해리(403㎞)[3]로 독도 외해까지다. 서해는 한강(漢江) 비무장지대(Han River Estuary) 하구(河口)의 서쪽 끝단에서 시작하여 서쪽으로 총 160해리(296㎞)이고 백령도 서쪽 42.5해리(78㎞)까지다.

동해는 북위 38도-36분-06초를 기준으로 동쪽으로 위도와 평행으로 그어져 있다. 육상 휴전선인 군사분계선(MDL: Military Demarcation Line)의 연장선이다.

---

3) 1海里(NM: Nautical Mile)는 1,852m다. 바다와 하늘에서 사용하는 거리 측도다.

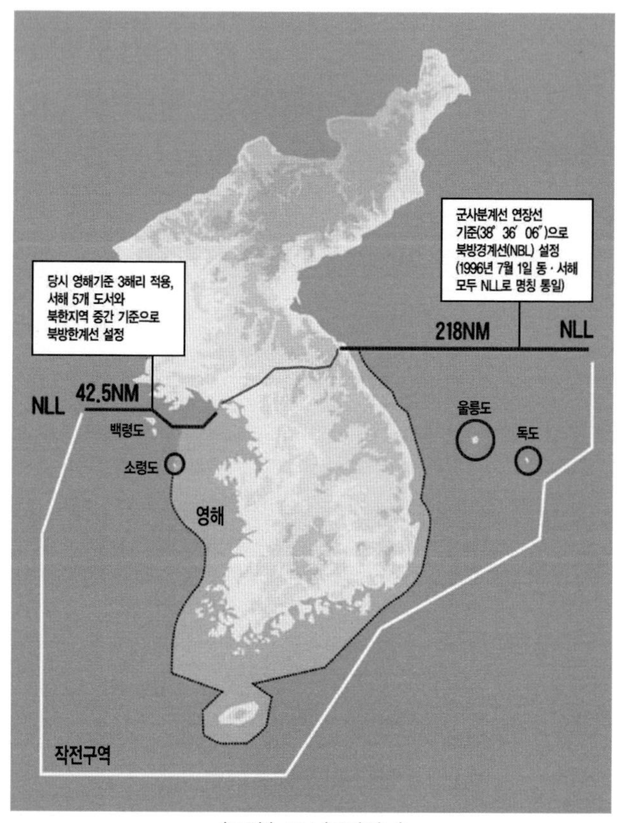

〈그림1〉 NLL(국방일보)

국제법상 해안 경사에 직각으로 설정되어야 하는데 그러하지 못해 북한에게 유리하게 되어 있다. 그래서 북한은 동해NLL에 대해서는 이의(異議)를 한 번도 제기하지 않았다.

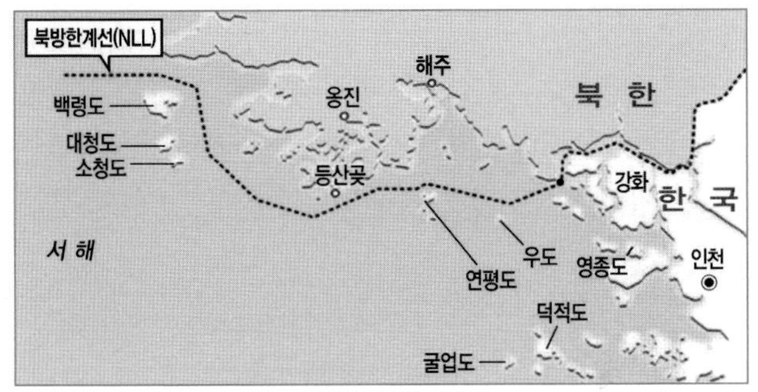

〈그림2〉 서해 NLL

서해 NLL은 〈그림2〉와 같이 한강 비무장지대 하구의 끝단에서 서쪽으로 11개점을 연결한 선이다. 당시의 영해(領海)기준(3해리, 5.5㎞)을 적용하여 서해5도와 북한 지역의 중간선을 연결한 지점이다. 연평도 북방의 NLL은 우리 측에 불리하게 작도되었다. 북한 선박이 해주항과 옹진반도 항구를 자유롭게 이용할 수 있도록 항로의 폭을 최대한 크게 해준 것이다. 그래서 연평도 북방 1.4㎞가 NLL선이다. 북한쪽 암초섬인 석도는 연평도 북방 2.8㎞에 위치하고 있다.[4)]

NLL은 바다에 설정된 선으로 철조망 같은 장애물도 부표(浮標)도 없다. 북한이 2009년 11월에 대청해전을 도

4) "또 한 번의 신화를 기다리는 무적해병 연평부대", 『해군』 2010년 05·06월, pp.57-59.

발하고, 2010년 1월과 8월에 백령도/연평도 근해에 해안 포사격, 2010년 3월 천안함 폭침(爆沈)과 11월 연평도 포격을 가해옴에 따라 최근에는 남북 간 대치를 보여주는 '대표어(代表語)' 가 되고 있다.

2. 설정배경

6·25전쟁(1950.6.25~1953.7.27)의 휴전협상은 1951년 7월 10일부터 2년간 계속되었다. 그런데 유엔군과 공산군 측은 쌍방 간의 견해차로 해상경계선 획정(劃定)에 실패했다. 설정되지 않은 것은 북한의 요구 때문이었다. 1952년 1월 말 연해수역(coastal waters)과 관련한 협상이 시작됐다. 유엔군 측은 당시 국제적 영해 규정에 따라 3해리(5.5km)를 주장했고 공산군은 유엔군에 의한 해상봉쇄를 우려하여 12해리(22km)를 주장했다. 유엔군 측은 해상봉쇄를 하지 않는다는 규정(15항)이 별도로 있기 때문에 문제가 없다고 주장했으나 공산군 측은 입장을 굽히지 않았다. 결국 해상경계선에 관한 규정이 정전협정에 포함되지 못한 채 최종적으로 '정전협정 제2조 13항 ㄴ목과 정전협정 15항' 으로 합의했다.[5)]

5) 국방부 군사편찬연구소, 『군사분계선과 남북한 갈등』(서울: 국군인쇄창, 2011), pp.84-85.

만약 공산군 측의 요구를 수용했을 경우 서해5도는 북한 연안에서 12해리 이내 거리로 우리가 이 도서를 포기해야 한다. 이는 전략도서를 포기해서는 안 된다는 미국해군 전략에 위배된다.[6)]

제13항 : 군사정전의 확고성을 보장함으로써 쌍방의 최고위 정치회담을 진행하여 평화적 해결을 달성하는 것을 이롭게 하기 위하여 적대 쌍방 사령관들은

(ㄴ) 본 휴전 협정이 효력을 발생한 후 10일 이내에 상대방의 한국에 있어서의 후방과 연해제도(沿海諸島) 및 해면으로부터 그들의 모든 군사력, 보급 물자 및 장비를 철거한다. 만일 쌍방의 동의 없이 또한 철거를 연기할 합당한 이유 없이 기한이 넘어도 이러한 군사력을 철거하지 않을 때에는 상대방은 치안을 유지하기 위하여 그가 필요하다고 인정하는 어떠한 조치라도 취할 권리를 가진다. 상기한 연해제도라는 용어는 본 휴전협정이 효력이 발생할 때에 비록 일방이 점령하고 있더라도 1950년 6월 24일에 상대방이 통제하고 있던 섬들을 말하는 것이다. 단 황해도(黃海道)와 경기도(京畿道)의 도계선(道界線) 북쪽과 서쪽에 있는 모든 섬 중에서 백령도(白翎島 : 북위 37° 58′. 동경 124° 40′), 대청도(大靑島 : 북위 37° 50′. 동경 124° 42′), 소청도(小靑島 : 북위 37° 46′. 동경 124° 46′), 연평도(延坪島 : 북위 37° 38′. 동경 125° 40′) 및 우도(牛島 : 북위 37° 36′. 동경 125° 58′)의 국제연합군사

---

6) 미국 마한제독의 해양전략이론이다.

령관의 군사통제하에 남겨두는 도서군(島嶼群)들을 제외한 기타 모든 섬은 조선인민군최고사령관과 중국인민지원군사령원의 군사통제하에 둔다. 한국 서해안에 있어서 상기 경계선 이남에 있는 모든 섬들은 국제연합군사령관의 군사통제하에 남겨 둔다. (지도 생략).

제15항 : 본 정전협정은 적대 중의 일체 해상군사역량에 적용되며 이러한 해상군사역량은 비무장지대와 상대방의 군사통제하에 있는 육지에 인접한 해역(contiguous waters)을 존중하며, 한국에 대하여 어떠한 종류의 봉쇄(封鎖)도 하지 못한다.

1953년 7월 27일 정전협정 발효에 따라 북한 전(全)해안을 봉쇄하고 있던 유엔군 전력은 육상 휴전선 이남으로 철수했다. 북한의 도서를 점령하고 있던 유엔군 해군과 해병대도 철수했다.[7]

그러나 북한은 해군 · 공군 전력이 전무한 상황에서 해상을 통제할 능력이 없었다. 그래서 유엔군 전력은 북한 해역으로 얼마든지 들어갈 수 있다. 당시 영해기준인 3해리(5.5㎞)안으로만 안 들어가면 되는 것이다.

---

7) 유엔군은 서해 압록강 하구의 신미도와 신도, 진남포 앞의 석도와 초도, 서해5도 인근의 마합도 · 기린도 · 창린도 · 순위도와 해주만의 소수압도 · 대수압도 · 용매도, 동해 원산만의 여도와 신도, 마양도 등 거의 모든 도서를 점령하고 있었다.

그런데 유엔군사령부(사령관 Mark W. Clark 미국육군 대장)는 1953년 8월 30일 우세한 유엔군 전력의 북상 활동을 제한하기 위해 동해와 서해에 북방한계선(NLL: Northern Limit Line)을 선포했다.[8] 이는 유엔군이 남북간 우발적 무력충돌 가능성을 예방한다는 목적으로 유엔군 해·공군 초계활동의 북방한계(北方限界)를 정한 것이다. 지극히 자기 제한적인 조치다. 그래서 동해는 외해로 218해리(403km)까지, 서해는 백령도 서쪽 42.5해리(78km)까지 연장하여 설정한 것이다. 함정과 항공기는 물론 어선들의 월선도 금지했다. 설정 기준은 서해는 당시 영해기준 3해리를 고려하고 서해5도(백령도·대청도·소청도·연평도·우도)와 북한 지역의 개략적인 중간선을 기준으로 설정했다. 동해는 군사분계선 연장선을 기준으로 설정했다.

이렇게 되어 당시 북한 해역을 통제하던 유엔사 전력(한국함정 포함)은 NLL이남으로 철수했다. 해군력이 미미했던 북한의 입장에서는 NLL은 더 없이 고마운 선이다. 이후 북한은 노력 없이 NLL이북에 방대한 해상관할구역

8) 최초 설정시 동해는 북방경계선(NBL: Northern Boundary Line)으로 했다. 1996년 7월 1일 유엔사·연합사가 정전시 교전규칙을 개정하면서 동·서해 모두 NLL로 명칭을 통일, 오늘에 이르고 있다.

을 얻게 된 것이다. 특히 서해5도의 북한 연안에 있던 우리 함정들이 모두 NLL 이남으로 철수함에 따라 북한 함선의 NLL 북방 항해가 자유롭게 되었다. 북한은 서해5도에 인접한 도서(월내도, 기린도, 장재도, 소수압도, 대수압도, 용매도 등)를 쉽게 점령할 수 있었다. 해군력이 절대열세였던 북한이 NLL 방호벽 덕분으로 오랜 기간 유엔군으로부터 간접보호를 받은 것이나 다름없다.[9]

3. 북한의 입장

북한은 1955년 3월 5일에 12해리(22㎞) 영해를 선포했다. 당시는 국제적으로 3해리(5.5㎞) 영해가 일반적이었다. 그래서 북한 해군은 경비 및 이동시 NLL 이남 지역으로의 진입을 자제하는 등 1973년까지 20년 동안 NLL에 대해서 특별한 이의(異議)를 제기하지 않았다.

그러나 1970년대에 들어서면서 12해리 영해가 국제적으로 일반화되면서 북한은 종전의 12해리 영해주장을 강화하기 시작했다. 1973년 10월~11월간 43회에 걸쳐 의도적으로 서해 NLL을 침범하면서 이른바

9) 해군본부, 『NLL, 우리가 피로써 지켜낸 해상경계선』(국군인쇄창, 2011년), p.10.

『서해사태』[10]을 도발(挑發)했다. 북한은 1973년 12월 1일 개최된 제346차 군사정전위원회 본회의에서 서해5도를 남한 측의 관할로 인정하면서도 그 주변해역을 북한의 연해(沿海)라고 주장했다. 이곳을 출입하는 모든 선박은 북한 측의 사전허가를 받을 것을 요구했다. 그러나 NLL에 대해서는 직접 거론하지 않았다.

북한이 NLL을 묵시적(黙示的)으로 인정한 사례는 다음과 같이 많다.

○ 사례 #1

북한 중앙통신사는 매년 북한 공식자료집 조선중앙연감을 발행한다. 1959년 판 254쪽 황해남도 지도에 보면 NLL과 일치하는 선을 군사분계선으로 표기해놓았다. 북한당국도 NLL을 인정하고 있다는 결정적 증거다. 1959년판은 통일부 북한정보센터에 비치하고 있는데 누구나 열람이 가능하다.

○ 사례 #2

1963년 5월에 개최된 군사정전위 제168차 회의에서 북한 간첩선의 격퇴위치에 대한 상호간 논란 시에 유엔군사령부측은 NLL이 그려진 지도를 제시하며 북한 간첩선의 침투사실에

---

10) 북한은 서해5도를 봉쇄하는 도발을 했다. 세부사항은 부록 참조.

대해 항의하면서 “간첩선이 NLL을 침범하였기 때문에 사격하였다”라고 주장하였다. 이에 대해, 북한은 “북한 함정이 NLL을 넘어간 적이 없다”고 언급하였는데 이는 NLL의 존재를 전제한 것으로써 북한이 북방한계선의 존재사실과 북방한계선을 준수하고 있음을 간접적으로 인정한 것이다.

○ 사례 #3

1984년 9월 29일부터 10월 5일 사이에 북한 적십자사가 수해물자를 우리에게 인도하고 복귀하는 과정에서 정전협정 및 국제법상 자국의 관할권이 미치는 해역에서만 활동이 가능한 경비함정 등 군함으로 구성된 양측의 호송선단이 NLL 선상에서 상봉하여 인계 · 인수함으로써 북한도 북방한계선을 실효적인 해상경계선임을 인정한 바 있다.

○ 사례 #4

1993년 1월 5일 국제민간항공기구(ICAO) 간행물인 항공 항해계획(ANP)에서 NLL에 준해 조정된 한국의 비행정보구역 변경(안)이 공고되었음에도 불구하고 1998년 1월 1일 발효 시까지, 그리고 발효 이후에도 북한 측은 이에 대해 전혀 이의(異議)를 제기하지 않았다. 비행정보구역이 해당국가의 영토와 영해를 규정하는 의미는 없으나, 조난항공기에 대한 탐색 · 구조 임무가 있기 때문에 통상 해당국가의 주권이 미치는 구역을 따라 설정되는 것이 관례임을 감안할 때 북한이 북방한계선을 암

묵적(暗黙的)으로 인정한 사실이 확인된다.

○ 사례 #5

2001년 1월 18일 NLL 남방에서 표류중인 북한 조난선박 1척(승조원 2명)을 구조하여 백령도 동북방 NLL상에서 북한 경비정에 송환한 바가 있고, 2002년 6월 20일 연평도에서 기상불량에 의한 항로착오로 월선한 북한선박 1척(승조원 10명, 전마선 2척 포함)을 나포했을 때에도 연평도 서방 18해리 NLL상에서 北경비정을 조우하여 북측에 인계하였으며, 2002년 12월 7일 대청도 북방에서 좌초된 삼광5호 승조원도 NLL상에서 북측에 인계한 사례는 북한이 북방한계선을 해상불가침경계선으로 인정하고 있음을 시사하고 있다.

4. 법적 효력

가. 해상 군사분계선으로서의 효력

남북한의 육상경계는 정전협정에 근거한 군사분계선임은 논란의 여지가 없다. 해상의 경우 정전협정에서 구체적이고 명확한 경계선에 관한 규정을 남겨놓지 않았다. 이로 인해 북한은 1973년에 이어 1999년에 제1연평해전을 도발하고 NLL에 대한 이의를 다시 제기했다. 명료하고 구체적인 해상군사분계선을 획정하지 않은 것은 정전협정의 조문 상 법적 흠결(欠缺)이라고 할 수 있다. 그러나 이러한 흠결을 기화로 불합리한 해석을 견강부회(牽强附會)함은 정전협정 정신에 어긋나는 부당하고 불법적인 태도라 할 수 있다.

당시 정전협정 조문 상 동·서해의 해상 군사분계선 획정에 소홀히 했던 데에는 그만한 이유가 있었다. 6·25 전쟁 중 한반도의 육상에는 공산군과 유엔군의 진퇴의 변화가 많았다. 해상에서는 전쟁 초기부터 휴전이 되기까지 일관해서 유엔군이 한반도의 전 주변해역을 장악하고 봉쇄하고 있었다. 그러므로 교전당사자 쌍방 군사역량의 현실적인 대치를 전제로 한 군사분계선은 적어도 해상에 있어서는 육상전선에 연결되어 생각할 수 없었던 것이다.

그래서 정전협정이 발효(1953.7.27)된 이후 유엔군사령관은 1953년 8월 30일에 북방한계선을 설정한 것이다. 이것은 형식상 유엔군사령관 휘하세력에 대한 자기제한적(制限的) 지시로 하달된 것이지만 실질적으로는 정전협정 조문에서 명시하지 못한 부분을 제2조 제15항의 정신에 따라 이를 이행키 위한 중요한 조치로서 행해진 것이다. 만일 정전협정 기안자들이 조문 기술상의 신중성을 발휘하여 해상 군사경계선을 획정하려 했다면 결국 이들 획정선과 일치하였을 것이다. 왜냐하면 당시 북한 측 해상군사역량은 존재하지도 않았기 때문이다.

북한 측은 유엔군 측의 이 같은 자기 제한적 철수의 결과, 군사적인 진공(眞空)으로 된 영역을 반사적으로 통제하게 되었을 뿐이다. 해상에 있어서의 각 군사분계선이 이같이 일방의 철수와 타방의 반사적으로 허용된 통제의 과정을 거쳐서 형성되었다고 하더라도 정전협정 자체의 정신으로 보면, 이는 육상 군사분계선과 똑같이 정전협정상 교전당사자 쌍방의 군사역량의 경계선이 된 것이다. 이렇게 성립된 경계를 당사자 일방이 침범(侵犯)하거나 잠식(蠶食)하는 등 적대행위(敵對行爲)를 범(犯)한다면 이는 정전협정의 위반이 될 것이다.

휴전이란 교전당사자 쌍방의 전쟁행위를 정지하기 위한 의사의 합치 및 그로 인해 발생한 적대행위의 정지 상태를 의미하는 것이다. 그러므로 국제관습법 상, 당사자 일방이 휴전조약의 중대한 위반을 하였을 때 상대방은 휴전을 폐기할 권리를 가질 뿐만 아니라, 긴급한 경우에는 즉시 전투를 재개할 수 있는 것이다. 서해와 동해의 NLL은 그것이 설정된 그 즉시 이는 한국 정전협정 당사국간의 해상경계선으로 성립된 것이다. 휴전성립 후 얼마 안 되어서 북한이 이를 침범하였다고 해도(그 당시는 그럴만한 해군세력도 북한 측에는 없었지만) 그것은 지금과 똑같은 정전협정 위반의 효력이 발생하였을 것이다.

나. 국제법상 해상경계선으로서의 효력

1958년 4월 29일 제1차 유엔해양법회의에서 채택한 『해양법에 관한 제네바협약』 제12조에서는 "두 국가의 해안이 서로 대향(對向)하거나 인접(隣接)하고 있는 경우에는 별도의 합의가 없는 한 중간선을 넘어서 영해를 획정하지 못하며, 다만 역사적 기능 또는 그 밖의 특수사유로 인하여 본 항의 규정과 상이한 방법으로 두 국가의 영해를 획정함이 필요한 경우에는 적용하지 아니 한다"로 규정하고 있다. 그리고 실질적인 바다의 헌장인 『유엔 해양법협약』(1982.12.10 채택, 1994.11.16 발효) 제15조에서도 "양국 간 달리 합의하지 않는 한 중간선 밖으로 영해를 확장할 수 없으며, 다만 역사적 권원(權原)이나 특별한 사정에 의하여 다른 방법으로 획정할 필요가 있는 경우에는 적용하지 아니 한다"고 규정하고 있다.(한국은 유엔 해양법협약에 대해

1996.1.29 비준서를 기탁하여 1996.2.28 효력이 발생하였고 북한은 협약서명은 했으나 비준하지 않은 상태다).

이처럼 국제법상 대향국(對向國 : Opposite States, 양국이 마주보는 위치에서 서로의 영해폭을 합한 것보다는 근거리에 있는 경우)과 인접국(隣接國 : Adjacent States, 육지의 국경이 해안에서 끝나 이에 따라 각 연안의 영해의 경계를 정해야 하는 경우) 영해의 경계획정 시는 중간선 원칙(median line principle)과 등거리 원칙(equidistance principle)을 기본원리로 하고 있다. 한편, 국내법으로도 1995년 영해 및 접속수역법 제4조에서는 "관계국과의 별도의 합의가 없는 한 중간선으로 한다"고 규정하고 있으며, 1996년 배타적경제수역법 제5조에서는 "대한민국과 관계국간의 별도의 합의가 없는 경우 중간선 외측의 수역에서는 권리를 행사하지 아니 한다"고 규정하고 있어 이러한 등거리 중간선의 원칙을 준수하고 있다.

따라서 북방한계선(NLL)은 설정 시 서해5도와 북한 본토(도서)와의 중간선에 해당하는 선으로서 이를 해 · 공군 활동 및 남한 측 관할(管轄)의 한계로 삼았다. 비록 일방적으로 설정된 것이기는 하지만 섬도 영해를 갖는다는 국제법상의 원리에 비추어 국제법상의 중간선 원칙에 충실한 영해 경계선으로 판단된다. 아울러 NLL은 설정이후 현재까지 이 선 남쪽을 한국이 실질적으로 관할하여 왔다. 북한은 1953년 8월 설정 이래 1973년 10월까지 20년간 이에 대한 이의를 제기하지 않았다. 이는 국제법상 실효성(實效性)의 원칙과 장기적 점유를 요건으로 하는 응고(凝固, consolidation)의 원칙으로 그 법적효력이 인정되었다고 볼 것이다.

또한 1991년 12월 13일 남북 양측이 합의한 남북 기본합의서 제11조에서는 "남북의 불가침 경계선과 구역은 1953년 7월 27일 정전협정에 규정된 군사분계선과 지금까지 쌍방이 관할하여온 구역으로 한다"고 규정되어 있다. 1992년 9월 17일 불가침 부속합의서 제10조에서 "남과 북의 해상불가침 경계선은 앞으로 계속 협의한다. 해상불가침 구역은 경계선이 확정될 때까지 쌍방이 지금까지 관할하여온 구역으로 한다"고 명시되어 있다. 이는 NLL의 실체를 북한이 명백히 인정한 것으로 볼 수 있으며 남북 간에 차후 해상경계선이 새로이 합의 · 획정될 때까지는 실질적인 해상경계선으로서의 효력과 기능을 지닌다고 할 것이다.

5. 우리가 NLL을 지켜야 하는 이유

우리 군은 지금까지 북한의 크고 작은 해상NLL 도발을 성공적으로 격퇴했다. 많은 장병들이 희생되었고, 물적 피해도 적지 않다. 그야말로 피로써 사수한 NLL이다. 우리는 앞으로도 이를 사수해야 한다. 대표적인 이유는 다음과 같다.[11)]

① 서해5도를 보호하기 위함이다.

서해5도는 정전협정에 명문화되어 있듯이 엄연한 한국 영토다. NLL은 서해5도를 보호하는 울타리 역할을 하기 때문에 NLL과 서해5도는 불가분의 관계다. NLL을 고수하지 못하면 서해5도와 도서주민을 보호할 수 없다. 서해5도에는 주민 8천여 명이 살고 우리 장병 5천여 명이 주둔하고 있다. 만약 NLL이 무력화(무효화)되거나 북한이 요구하는 대로 새로운 NLL이 설정된다면 서해5도 어선들의 조업이 제한되고, 왕래하는 선박들의 항해가 자유롭지 못함으로써 도서주민들의 생업에 어려움이 가중될 것이다. 도서주민들 대부분이 어업을 주업으로 하고 있고, 육지로부터 생필품들을 가져와 생계를 유지

---

11) 해군본부, 『NLL, 우리가 피로써 지켜낸 해상경계선』(국군인쇄창, 2011년), pp.103-112.

하고 있기 때문에 서해5도가 고립 또는 봉쇄될 경우에는 큰 타격을 받게 된다.

서해5도는 군사적으로 매우 중요한 역할을 하고 있다. 북한에게는 서해5도가 자신들의 옆구리를 찌르는 비수(匕首)가 되고 있다. 그래서 북한은 서해5도를 탈취하기 위해 주변 육지와 도서에 많은 전력을 배치하고 있다. 그리고 북한은 수도권(인천 등) 서측을 공략하기 위해서는 먼저 서해5도를 점령해야 한다. 그렇지 않으면 인천지역으로 진출한 전력이 서해5도 전력에 의해 차단 포위될 수 있다. 만약 우리가 NLL을 지킬 힘이 없다면 북한은 쉽게 서해5도를 무력으로 점령할 것이다. 이 과정에서 서해5도를 지키는 우리 장병과 주민들이 희생될 것이다.

우리에게도 서해5도는 군사적으로 매우 중요하다. 평시 이곳에서 북한에 대한 많은 정보를 획득하고 있다. 북한에 급변사태가 발생할 경우 이곳에서 출발한 우리 특수부대는 신속하게 평양과 핵시설을 장악할 수 있다. 그리고 전시에는 이곳을 발판으로 서해 북부해상까지 해상·공중통제권을 확장하여 평양을 바로 위협할 수 있다. 특히 이곳에서 평양의 관문인 남포항까지 최단시간

내에 해병특수부대가 수평, 수직 그리고 초수평선(超水平線, Over the Horizon) 상륙수단으로 강압진공작전을 감행한다면 제2의 인천상륙작전 같은 전략적 효과도 가능하다. 또한 서해로 남하하려는 북한 해군세력을 저지함으로써 우리 측에 유리한 방향으로 전세를 전개시킬 수 있다. NLL은 서해로 상륙하는 북한 해군의 상륙을 막고 북한 해군의 해양통제권 장악을 저지하여 적(敵) 전투력을 분산시키는 역할을 한다.

이같이 쌍방 모두에게 서해5도가 중요한 역할을 한다. 그래서 북한은 지금까지 서해5도의 방파제인 NLL을 먼저 무력화하기 위해 지속적으로 도발하고 있는 것이다. 대표적인 북한 무력도발은 1973년 서해사태, 1999년 제1연평해전, 2002년 제2연평해전, 2009년 대청해전, 2010년 천안함 폭침 등이다.[12]

6·25전쟁 시에도 우리 해군은 서해5도를 전진기지로 활용하기 위해 해군·해병대가 전쟁이 끝날 때까지 고수하고 있었다. 전쟁이 끝난 이후에도 북한의 도발과 위협을 억제하기 위해 지금까지 서해5도에 주둔하고 있

12) 도발에 대한 세부사항은 부록 참조.

다. 그 만큼 서해5도가 대한민국 안보의 사활이 달린 요충지다. 우리는 이 도서들을 지키기 위해 많은 장병들의 희생에도 불구하고 NLL을 사수하고 있다.

② 대한민국의 수도권을 보호하기 위해서다.

수도 서울은 서해와 인접해 있다. 서해에서 서울까지는 35㎞에 불과하다. 서울은 우리나라의 정치 · 경제 · 문화 · 군사 등 모든 분야의 중심지다. 서울에는 한국 인구의 약 20%가 거주하고 수도권을 포함하면 50%에 달한다. 그래서 우리 수도권을 군사용어로 중심(重心, Center of Gravity)이라고 한다.[13)]

만약에 NLL과 서해5도가 무력화된다면 우리는 서해에 대한 해양통제권을 상실하게 된다. 그러면 인천, 서울에 이어 수도권이 포위, 고립되는 상황에 빠지게 된다. 휴전선과 서해로부터 동시에 위협이 닥친다. 휴전선 땅굴을 통해 북한 특수부대가 남하하고 인천으로는 북한 상륙군이 들어온다. 고암포 지역(백령도 북방 50㎞)에 배치된 공기부양상륙정(LCPA)은 강화도-인천-태안반도까지 상륙권이다.

---

13) 북한의 중심(重心)은 평양이다.

한반도 지형은 '동고서저(東高西低)' 특성을 갖고 있다. 서쪽은 해상과 지상과의 연계작전이 용이하다. 그래서 남북한 공히 서해5도를 점령하고, 이를 토대로 서해에 대한 해양통제권을 장악하여 전세를 유리한 방향으로 전개하려 할 것이다. 만약에 북한이 유리한 조건을 갖춘다면 먼저 인천을 점령할 것이고, 이어서 서울로 진격할 것이다.

6·25전쟁 시에도 북한은 이러한 목표를 달성하기 위해 함정, 발동선, 범선 등을 이용하여 김포와 강화도 남단에 집결한 병력을 인천과 아산만 방면으로 상륙시킨다는 계획을 가지고 있었다. 비록 전쟁발발 3일 만에 북한 지상군에 의해 서울이 점령되었지만, 우리 해군은 북한 해군의 상륙을 저지하기 위해 연평도-군산해역을 봉쇄했다. 결국 북한의 계획은 무산되었다. NLL이 무력화되면 인천과 서울이 위험에 빠지게 된다. 인천, 서울이 무너진다는 것은 대한민국 생존의 문제다. 따라서 NLL을 고수한다는 것은 대한민국 전체의 영토와 국민을 지키는 것이다. NLL은 육지의 휴전선과 같이 우리나라 안보의 중요한 방파제다.

③ 대한민국의 경제활동을 보호하기 위해서다.

서해5도를 비롯한 NLL이남 해역은 한국 국민들이 경

제활동을 가장 역동적으로 하는 삶의 터전이다. 서해5도 주변해역은 낮은 수심에 풍부한 어자원으로 연간 많은 어획고를 올리고 있다. 세계적으로 유명한 인천국제공항과 인천항, 평택항이 있다.

북한의 주장대로 해상군사분계선이 재설정되면 우리는 8,000㎢(여의도 943배) 면적의 바다를 잃게 된다. 북한 전력이 이곳으로 남하하기 때문에 인천공항, 인천항과 평택항은 사실상 봉쇄된다. 그러면 이 지역은 휴전선의 민통선과 같이 최전방이 된다. 경제생활이 위축되고 외국인 투자도 감소하게 될 것이다. 따라서 NLL의 경제적 가치는 계산하기가 어려울 정도로 크다. 한강의 기적을 이룬 것은 서해5도와 주변해역, 수도권 서측의 안전이 보장되었기 때문이다.

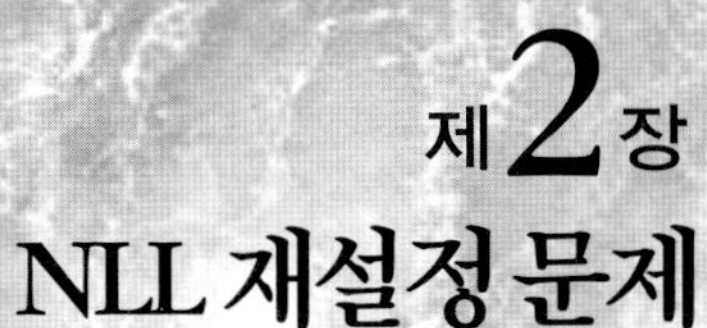

제 2 장 NLL 재설정 문제

제 2 장

NLL 재설정 문제

1. 북한의 군사통제수역 선포(군정위 제346차 회의)

북한 경비정이 1973년 10월~11월 43회에 걸쳐 NLL을 넘어 우리 측 수역을 침범해왔다. 우리 해군은 단호하게 격퇴했다. 이와 관련해 북한은 1973년 12월 1일 판문점에서 열린 군사정전위원회 제346차 회의에서 NLL에 대해 "북방한계선은 합의 없는 일방적으로 그어진 유령선인 만큼 정전협정 위반은 물론 국제법 위반"이라고 주장했다. 북한측 수석대표인 김풍섭은 "정전협정 어느 조항에도 서해해면에서 계선(界線)이나 정전해역이라는 것이 규정되어 있지 않으므로, 황해도와 경기도의 도계선(道界線) 북쪽과 서쪽의 서해 6개 도서를 포괄하는 수역은 북한의 군사통제하에 있는 수역"이라고 주장하였다. 그리고 "휴전협정 제2조 13항 ㄴ목의 해석상 황해도와 경기도의 서쪽 연장선을 하나의 경계선으로 상정하고 있으므로 그 북쪽은 우리의 연해(沿海)이다. 따라서 남한측은 휴전협정의 요구에 따라 해군 함정과 간첩선을 우리측 연해에 침입시키는 행위를 당장 그만두어야 하며 앞으로 서해의 우리측 연해에 있는 백령도 · 대청도 · 소청도 · 연평도 · 우도에 드나들려고 하는 경우에는 우리측에 신청하고 사전 승인을 받아야 한다"[14)]라고 주장하였다.

이에 대해 우리 측은 북한의 주장은 정전협정 위반이고 국제법에도 맞지 않는 억지임을 조목조목 따져 반박했다. 북한은 억지주장을 합리화하기 위해 1975년 2월까지 함정과 선박을 동원하여 서해NLL 침범을 계속했다. 우리 해군은 북한 함선을 격퇴하고 서해5도를 운항하는 선박(여객선, 화물선, 어선 등)을 근접 호송했다.

2. 남북기본합의서와 북한의 해상군사분계선 주장

남한과 북한이 해상 북방한계선(NLL)에 대해 처음 합의한 공식문서는 1991년 12월 13일에 체결된 '남북사이의 화해와 불가침 및 교류 · 협력에 관한 합의서(약칭: 남

---

14) 대한민국 국방부, 군사정전위원회 제346차 회의록, 1973.12.1.

북기본합의서)' 이다. 4개 장(1장 남북 화해, 2장 남북 불가침, 3장 남북 교류 · 협력, 4장 수정 및 발효) 25개 조로 구성되었다. 남 · 북한 총리가 서명한 남북기본합의서(1992.2.19 발효)의 제2장(남북 불가침)의 제11조 "남과 북의 불가침 경계선과 구역은 1953년 7월 27일자 군사정전에 관한 협정에 규정된 군사분계선과 지금까지 쌍방이 관할하여 온 구역으로 한다"고 명기했다. 그리고 1992년 9월 17일 남북의 총리가 부속합의서를 서명했다. '남북 불가침 관련 부속합의서' 의 제3장(불가침 경계선 및 구역)의 제10조 "남과 북의 해상불가침 경계선은 앞으로 계속 협의한다. 해상불가침 구역은 해상불가침 경계선이 확정될 때까지 쌍방이 지금까지 관할하여온 구역으로 한다"고 명기했다. 즉 지금까지 양측이 해상NLL을 기준으로 관할하여온 구역을 상호 준수하기로 한 것이다. 다만 해상NLL에 대해서는 앞으로 계속 협의하기로 했다.

그리고 기본합의서 제2장(남북 불가침)의 제9조 "남과 북은 상대방에 대하여 무력을 사용하지 않으며 상대방을 무력으로 침략하지 아니한다". 제10조 "남과 북은 의견대립과 분쟁문제들을 대화와 협상을 통하여 평화적으로 해결한다"라고 명기했다. '남북 불가침 관련 부속합의서' 의 제1장(무력 불사용)의 제1조 "남과 북은 군사분계선 일대를 포함하여 자기측 관할구역 밖에 있는 상대방의 인원과 물자, 차량, 선박, 함정, 비행기 등에 대하여 총격, 포격, 폭격, 습격, 파괴를 비롯한 모든 형태의 무력사용행위를 금지하며 상대방에 대하여 피해를 주는 일체 무력도발행위를 하지 않는다". 제2조 "남과 북은 무력으로 상대방의 관할구역을 침입 또는 공격하거나 그의 일부, 또는 전부를 일시라도 점령하는 행위를 하지 않는다. 남과 북은 어떠한 수단과 방법으로도 상대방 관할구역에 정규 무력이나 비정규 무력을 침입시키지 않는다"라고 합의했다.

그런데 북한 함정과 선박들의 고의적인 NLL침범 도발이 이후에 계속되었다. 북한은 남북 불가침과 무력 불사용 약속을 지키지 않았다. 북한의 제1차 핵(核)위기(1993~1994년), '서울 불바다' 협박(1994년), 상어급 잠수함 강릉해안 침투(특수요원, 1996년), 유고급 잠수정 속초근해 침투(특수요원, 1998년), 반(半)잠수정 강화도 · 여수해안 침투(1998년), 제1 연평해전(1999. 6) 도발 등으로 인해 합의서는 사실상 그 효력을 상실했다. 우리 정부는 합의서 폐기를 선언했어야 했다. 그러나 정부가 대북정책

(남북화해협력정책, 햇볕정책)을 중시한 관계로 이를 실행에 옮기지 못한 것 같다.

그러자 북한은 1999년 9월 2일 인민군 총참모부 '특별보도'를 통해 '조선 서해 해상군사분계선'을 선포했다. 북방한계선의 무효를 주장하면서 해상 군사통제수역의 범위를 구체적으로 제시하는 한편, 동(同)수역에 대한 자위권 행사를 할 것이라고 하였다. 수역의 범위는 〈그림3〉과 같다. 또한 2000년 3월 23일에 '서해 5개 섬 통항질서'를 발표했다. 그 내용을 보면 북한은 백령도, 대청도 및 소청도 등 3개 섬 주변수역을 제1구역으로, 연평도 주변수역을 제2구역, 우도 주변수역을 제3구역으로 구분하고 제1구역에 출입하는 함정과 민간 선박들은 제1

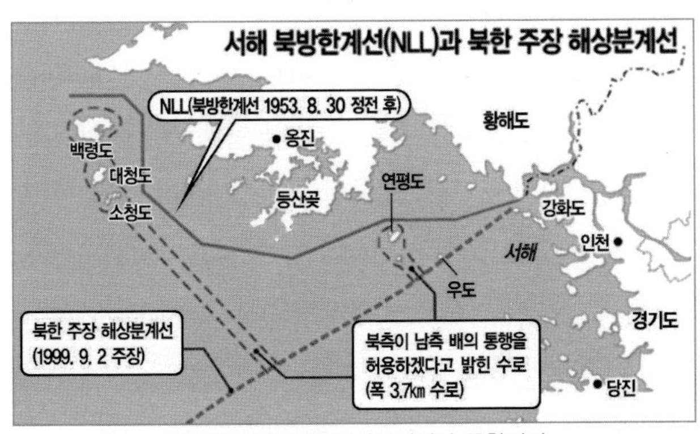

〈그림3〉 북한주장 군사분계선과 통항질서

수로로, 제2구역에 출입하는 함정과 민간 선박들은 제2수로로 통해서만 통항할 수 있다고 선언하였다. 즉 서해5도 주변해역에 대한 영해와 우리의 관할권을 부정했다. 이는 남북기본합의서를 정면으로 위반한 것이다.

이러한 북측의 억지 주장에 대해 우리 정부는 국방부 및 해군본부 대변인 성명을 통해 인정할 수 없다는 점을 분명히 하였다. 당시 국방부는 다음과 같이 명확하게 입장을 밝혔다: "북방한계선은 지난 50년간 지켜져 온 실질적인 해상경계선이며, 북측도 북방한계선을 사실상 인정하고 준수해왔다는 점에서 사실상의 해상경계선으로서 효력과 기능을 유지해왔을 뿐만 아니라, 특히 1992년 남북기본합의서와 불가침부속합의서에서도 이를 합의한 사항이다. 새로운 해상불가침 경계선 설정문제는 남북(南北)간의 문제로써 앞으로 군사적 신뢰구축 후, 새로운 해상경계선 설정이 필요할 경우 남북기본합의서에 합의한 바와 같이 남북군사공동위원회에서 논의되어야 한다. 아울러, 북한의 소위 '조선 서해 해상경계선'과 '서해5도 통항질서' 주장은 정전협정에 위반될 뿐만 아니라 국제법의 정신과 규정에 어긋남으로 이를 일체 수용할 수 없음을 분명히 한다. 따라서 우리는 북방한계선을 지상의 「군사분계선」과 같은 개념으로 인식하고, 새로운 해상불가침 경계선이 확정될 때까지는 이를 확고히 지켜나갈 것이며, 북측이 이를 침범할 경우 단호히 대처해 나갈 것이다."[15] 그리고 북한은 1999년 제1연평해전 시 6월 7일~15일간 다수 함정이 NLL을 7~9㎞ 침범하고 함포로 기습공격을 가해왔다. 남북기본합의서를 명백히 위반한 것이다. 이러한데도 불구하고 우리 정부는 남북기본합의서를 근거로 해상불가침 경계선 설정문제를 남겨두는 우(愚)를 범하게 된다.

우리 합참이 2007년 10월 14일 국회 통일외교통상위 소속 한나라당 진 영 의원에게 제출한 '남북(南北)간 신뢰구축 실패사례' 자료에 따르면 북한은 2001년 이후 NLL을 총 135회 침범했으며 이중 경비정에 의한 침범이 65회, 어선에 의한 침범이 37회인 것으로 밝혀졌다. 연도별로는 ▲ 2001년 20회(경비정 12, 어선 3, 기타 5) ▲ 2002년 19회(경비정 15, 어선 2, 기타 2) ▲ 2003년 21회(경비정 5, 어선 14, 기타 2) ▲ 2004년 19회(경비정 9, 어선 4, 기타 6) ▲ 2005년 14회(경비정 7, 어선 4, 기타 3) ▲

15) 자료 출처: 국방부 인터넷 홈페이지(www.mnd.mil.kr), "NLL에 대한 국방부 입장".

2006년 21회(경비정 11, 어선 5, 기타 5) 등이었다. 제2차 남북정상회담이 열린 2007년의 경우 9월까지 2001년 이후 가장 많은 침범 횟수와 같은 21회(경비정 6, 어선 5, 기타 10)를 기록했다. 또 연도별 대응내역에 따르면 제2연평해전이 발생한 2002년 6월 이전에는 북측의 침범에 한 건도 대응하지 않은 것으로 나타났으며, 2003년과 2004년에는 무력시위와 경고사격 등 방법으로 강경 대응했다. 2005년 이후에는 다시 경고통신 수단만 사용해 온 것으로 드러났다.[16)]

그리고 2007년 28회(함정 8회, 선박 20회), 2008년 24회(함정 7회, 선박 17회), 2009년 50회(함정 23회, 선박 27회), 2010년 95회(함정 13회, 선박 82회), 2011년 16회(함정 5회, 선박 11회, 2011.11.14기준)이었다. 북한의 연평도 포격도발(2010.11.23) 직전인 11월 3일에 북한 경비정이 NLL을 침범해 우리 해군이 경고사격을 했다. 북한 경비정이 2011년 4월 26일 NLL을 침범함에 따라 우리 고속정은 경고사격(40㎜함포 8발)을 했다.

16) "북한, 2001년 이후 NLL 135회 침공", 『연합뉴스』, 2007.10.14.

3. 북한의 NLL 재설정 주장과 우리 정부의 대응

북한은 제3차 남북장성급회담(2006.3.2~3)에서 현재의 NLL을 부정하고 재설정을 요구했다. 우리 측은 회담에서 기본적으로 남북(南北)간 군사적 긴장완화와 신뢰구축이 점진적으로 증진되어야 한다는 전제에서 '서해상 군사적 충돌방지와 공동어로수역 설정, 철도 · 도로 통행에 관한 군사적 합의보장, 차기 장성급회담과 제2차 남북국방장관회담 개최' 등 문제를 해결하자고 제안했다. 북측은 서해상 충돌의 '근원적 문제'가 해결되어야 한다는 기본적 입장 하에 서해 해상경계선의 재설정 문제가 해결되어야 공동어로수역 설정문제도 해결될 수 있다고 주장해 합의 도출에 실패했다.[17]

이후 우리 정부는 해상충돌을 방지한다는 차원에서 북한 요구사항에 대해 본격적으로 대책을 수립하기 시작했다. 우리 정부 고위당국자는 2006년 3월 9일 "북한이 기존입장을 되풀이했다면 무시하겠지만 이번 장성급회담에서 남북기본합의서 부속합의서를 근거로 재개정을 요구했다"며 "이에 따라 국제법적인 문제, 정전협정 등을 따져 NLL을 재설정할 수 있는지, 다른 좋은 방안이 있을

17) "장성급회담 합의 도출 못해(종합)", 『연합뉴스』, 2006.3.3.

수 있는지 종합적으로 검토해보도록 했다"고 말했다.[18)]

당시 회담에서 북측은 남측이 제기한 서해상 공동어로수역 설정문제에 대해 '근원적인 문제'가 먼저 해결돼야 한다면서, 자신들이 1999년 9월 일방적으로 선포했던 '조선 서해 해상군사분계선'과 이듬해 발표한 '서해5도 통항질서'를 포기하는 대신에 남측도 북방한계선(NLL)을 포기하고 백지상태에서 서해상 경계선을 논의하자고 제안했다. 이종석 통일부장관은 2006년 3월 10일 출입기자단 간담회에서 북측이 이 과정에서 남북기본합의서를 언급했으며 우리 정부 역시 과거부터 기본합의서를 중시한다고 말해왔던 만큼 북한의 제안이 무엇인지를 종합 검토하고 있다고 설명했다.[19)]

북한은 제4차 남북장성급회담(2006.5.16~18)에서 서해 NLL 재설정을 또다시 요구했다. 그들은 여기서 새로운 제안을 내어 놓았다. 북측은 첫날 전체회의에서 "서해 5개 섬에 대한 남측의 주권을 인정하고 섬 주변 관할수역문제도 합리적으로 합의, 가깝게 대치하고 있는 수역의 해상군사분계선은 반분하고(절반으로 나누고) 그 밖의

18) "정부, NLL 종합검토 착수", 『조선일보』, 2006.3.10.
19) 이종석 "서해상 경계선 北제의 종합검토 중", 언론보도(2006.3.10).

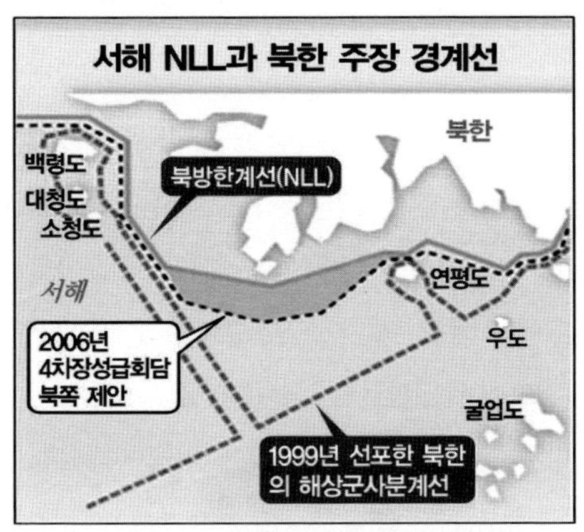

〈그림4〉 북한주장 경계선(4차 장성급회담)

수역은 영해권을 존중하는 원칙에서 설정해야 한다"고 제의했다.[20] 우리는 이에 대해 기존 NLL 존중 및 준수, 남북기본합의서 군사 분야 합의사항 이행 원칙 등 2가지 원칙을 전제로 국방장관회담에서 논의할 수 있다는 입장을 제시했다.[21] 북한은 NLL 재설정 협상도 가능하다는 신호로 받아들일 수 있다. 이는 당시 우리 정부의 대북화해협력정책을 고려한 것으로 추정된다.

---

20) 북측주장을 분석하면, 경계선을 서해5도 근방에서는 NLL을 소폭(1~2㎞) 남하하고, 소청도~연평도에 이르는 수역에서는 북한으로부터 영해12해리(22㎞) 적용하여 NLL을 많이 남하하여 그어야 한다는 것으로 해석할 수 있다. 이것도 북한의 NLL무효화 전략의 일종이다. (2007.8.12, 연합뉴스 기사 참조).

21) "〈장성급회담〉 '해상 경계선' 암초 재확인", 『연합뉴스』, 2006.5.16.

4. 공동어로수역의 문제점

참여 정부는 남북 간 무력충돌 예방, 중국어선의 NLL 근해 불법조업 차단, 어민 소득 증대 등을 위해 2005년경에 공동어로수역을 추진했다. '서해 공동어로수역 설정'은 통일부에서 추진한 서해평화정착 방안으로서 2005년 6월의 제15차 남북장관급회담과 7월의 남북수산협력실무협의회에서 부터 논의되었다.[22]

통상 공동어로수역은 〈그림5〉와 같이 NLL을 기준하여 남북으로 등거리 · 등면적 구역을 정해 이를 평화수역[23]화하는 방안이다.

이런 구상은 처음이 아니다. 과거 자료를 살펴보면, 전두환 정부의 국토통일원장관은 1982년 2월 1일 발표한 대북성명에서 남북 한 당국 최고책임자간 회담실현을

22) 정동영, 『개성역에서 파리행 기차표를』(서울: 랜덤하우스, 2007), pp.314-316.

23) 평화수역은 공동어로수역에 해군 경비함정의 출입을 금지하는 대신에 경찰 · 행정 조직 중심의 남북 공동관리기구를 설치 · 운영함으로써, 남북 간 우발적 무력충돌 가능성을 차단하고 상호 협력 사업을 확대해 나가는 개념이다. 동 구역에는 별도의 법 · 제도가 적용되도록 추진한다. 2007남북정상선언에 명시하여 서해상에서 공동어로수역을 지정하고 이를 평화수역화해 나가기 위한 실질적 협의 기반을 마련했다. 그러나 서해5도의 안보 특성과 북한에는 해양경찰이 없다는 사실을 망각한 허망한 개념으로 평가받고 있다.

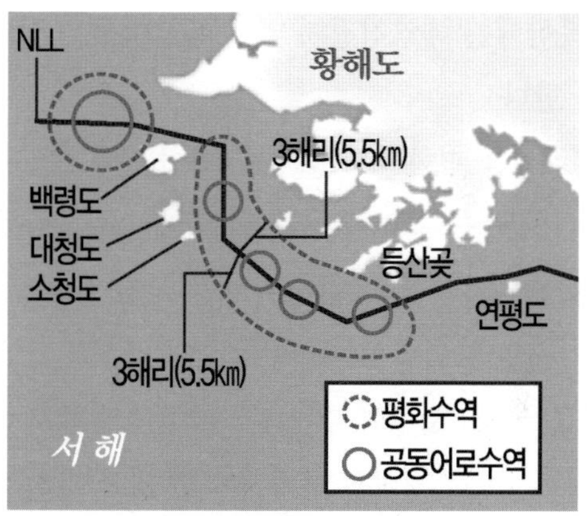

〈그림5〉 공동어로수역 개념도

위한 각료급 예비회담 개최 제의에 북한 당국이 하루속히 동의할 것을 거듭 촉구하면서 서울-평양간 도로 개설, 설악산 · 금강산의 자유관광지역 설정, 인천 · 진남포항의 상호 개방, 공동어로구역 설정, 쌍방 군사책임자간 직통전화 설치 등 남북한 사회의 상호 개방 및 협력과 긴장완화에 기여할 도합 20가지의 시범 사업을 구체적으로 제의했다. 그리고 김영삼 대통령은 1994년 8월 15일 경축사에서 공동어로수역 설정 등을 제의했다.

그런데 공동어로수역은 다음과 같은 문제점을 내포하고 있다.

① 북한에는 해양경찰이 없고 북한어선은 정보수집 활동을 한다.

어로수역을 평화수역으로 지정하여 해양경찰을 배치한다는 구상인데 북한에는 해양경찰이 없다. 우리 해양경찰 함정은 북한 해군 함정에 비해 무장이나 성능에서 열세다. 국방부 김민석 대변인은 2013년 7월 11일 정례 브리핑을 통해 "북한의 주장대로 그곳에서 해군력을 빼고 경찰력만으로 경비를 서게 된다면 결국 북한 해군만 우리 수역에서 활동하게 되는 것"이라며 "그 결과는 북한 해군력이 덕적도 앞바다와 인천 앞바다까지 들어오게 되는 굉장히 위험한 결과를 초래한다"고 지적했다.[24)]

그리고 북한어선은 군 소속으로 정탐행위를 병행한다. 한국국방연구원(KIDA) 김진무 박사는 이번에 "어선은 사실상 북한군이 운용하는 함선으로 봐야 한다"며 "수일간 수십 차례 월선한 것은 상부 지시에 따른 조직적인 행태"라고 분석했다.[25)]

북한군은 제2연평해전(2002.6.29) 기습도발 수일 전에 우리해군의 근무경계상황을 파악하기 위해 어선들을 내보내 일부러 NLL을 침범하게 했다. 이들 어선에는 어민

24) 국방부 "NLL남쪽 공동어로구역 설정은 NLL 포기", 『연합뉴스』, 2013.7.11.

25) 우리해군, 北어선에 사격…왜 갑자기?, 『쿠키뉴스』, 2012.9.21.

으로 위장한 인민무력부 정찰국 소속성원들이 타고 있었다. 정찰자료들은 "남조선 해군들에게서 심리적 공백이 역력해 보인다"는 보고를 쏟아냈다.[26)]

그리고 우리 군이 2010년 11월 3일 NLL을 월선한 북한어선을 나포하지 않았다. 북한군은 2010년 11월 23일 연평도를 포격했다. 그리고 우리 군 당국은 최근 잇따라 NLL을 침범하는 북한어선에 군인들이 타고 있을 가능성에 주목하고 있다. 다른 군 관계자는 "NLL 일대에서 조업하는 어선에는 북한군이 타고 있다"면서 "의도적인 목적을 갖고 NLL을 침범하는 것으로 판단하고 있다"고 전했다.[27)]

② 해상충돌이 잦아질 수 있다.

어로구역이 설정되면 많은 북한 함정이 북측어선을 통제하기 위해 남하하게 된다. 탈북을 방지하기 위한 목적도 있다. 1개 어로구역에 최소한 4척이 투입된다. 5개 구역에 20척이다. 공동어로구역의 남단(서단)에서 어선

---

26) 신동아 2006년 7월호, (통권 562 호, 2006.7.1) pp.92-109, [서해교전 4주년 총력취재] "연평해전 · 서해교전은 김정일 '평화협박 전술' 지시 받은 3호청사 · 인민무력부 · 해군사령부 합동작품" 북한 핵심권부 전직 관료들의 정밀증언.

27) "北어선, 이번엔 야간 NLL 침범… 군 '북한군도 함께 타고 있었다'", 『쿠키뉴스』, 2012.9.26.

을 감시하게 된다. 그리고 공동어로구역 남단(서단)에는 평상시와 같이 우리 경비함정이 위치하게 된다. 이는 서해5도 방어, 주변어장에서 조업하는 우리 어선에 대한 통제, 서해5도를 왕래하는 화객선(화물선 · 여객선)을 보호하기 위해서 불가피한 조치다. 지금도 그렇게 하고 있다. 따라서 다수의 남북 함정이 서로 근거리에서 대치하게 된다. 함포의 유효사거리가 4~10㎞임을 고려하면 해상충돌이 발생할 수 있는 기회가 지금보다 더 많아진다. 북한의 과거행태와 호전성을 고려할 때 해상충돌이 잦아질 수밖에 없다.

③ 서해5도의 방어종심(防禦縱深)이 줄어든다.

서해5도는 도서가 작아서 대규모 병력이 상주할 수 없다. 공군기지는 아예 없다. 해군함정 모항인 평택기지도 멀리 위치하여 북한 해군에 비해 불리하다. 그리고 지리적으로 이들 도서가 북한에 인접해 있는 것도 우리에게는 군사작전상 큰 약점이다. 그럼에도 불구하고 우리는 지금까지 이 도서를 확고하게 확보하고 있다. 여기에는 두 가지 중요한 요인이 있다. 하나는 NLL이 도서의 북쪽(동쪽)에 설정되어 있어서 비록 거리는 짧지만 어느 정도의 방어종심을 제공하고 있다. 그리고 우리 해군이

NLL을 사력을 다해 한 치의 양보 없이 사수하고 있기 때문이다. 또 하나는 세계적으로 전투력이 뛰어난 것으로 평가받고 있는 해병대가 도서방어를 책임지고 있기 때문이다. 우리 해병들은 최악의 경우 옥쇄(玉碎)까지 각오하는 정신무장으로 철통같이 경계에 임하고 있다.

그런데 도서에 인접한 위치에 공동어로구역이 설정되어 이곳에 북한(무장)어선이 오고, 어선으로 위장한 북한 함정이 와서 기습으로 상륙을 한다면 이를 해상 · 육상에서 차단할 수 있는 시간적 여유가 없다. 어선군(漁船群)에 함정이 포함되어 이동할 경우, 우리가 가까이 접근하여 육안으로 식별하기 전에는 이를 확인할 수가 없다. 설사 가능한 빨리 북한 함정으로 식별을 하더라도 조기경보에 여유가 없다. 저시정(안개, 비, 눈)일 경우 식별은 아예 불가능하다. 북한함정은 소형으로 어선 크기이고 30~50노트(55~92㎞)고속이다. 북한은 100여 척의 고속상륙정을 서해5도 인근에 배치하고 있다.

반면에 백령도 · 연평도를 제외한 다른 도서에는 방어병력이 부족하다. 그리고 인근해역에 배치된 경비함정 세력도 태부족이다. 따라서 공동어로구역이 도서인근에 설정되면 서해5도의 방어는 사실상 불가능해진다. 그래서 이 도서를 지키는 해병대의 전우회가 서해평화협력지대 설치를 그토록 반대하고 있는 것이다.

④ NLL의 비무장 고유기능이 소멸된다.

NLL은 육상MDL과 같이 군사분계선이고 주변해역은 비무장수역의 역할을 하고 있다. 그동안 남북한은 NLL을 기준하여 일정범위내로 함정 · 항공기 · 선박의 접근을 자제함으로써 자연스럽게 비무장수역을 형성해 왔다. 우발적인 무력충돌을 막기 위해서다.

이런 기능이 지난 60여 년간 잘 준수되어 왔다. 지금도 그렇다. 만약 어로구역이 우리의 요구대로 NLL을 기준하여 설정되더라도, 정전체제를 보장해온 비무장기능이 보장되지 않는다. 그래서 어로구역을 설정하면 NLL 기능이 손상되면서 서서히 분쟁수역으로 변하게 된다.

최초 구상대로 중국어선의 불법조업을 차단하기 위해서 공동어로구역을 설정하려 한다면, 중국어선이 진입하는 길목이면서 NLL의 기능이 잘 보장되는 백령도 서북쪽 외해해역을 고려하는 것이 좋을 것이다. 이곳은 비교적 넓은 해역으로 어로구역 설치가 용이하고 안보적인 측면에서도 상호간 위협요소가 적다.

그리고 공동어로수역이 설정되면 백령도로 가는 여객

선의 안전을 위해 항로를 추가로 남쪽으로 조종해야 한다. 지금도 33노트(61㎞) 여객선으로 4.5~5시간 소요되는데 앞으로 시간이 더 걸릴 수도 있다.

5. 우리 안보단체의 반응

서해 NLL 문제를 포함하여 국가 안보가 위기로 치닫고 있는 것이 밖으로 알려지기 시작한 것은 2006년 5월이다. 안보관계 전문가 집단인 성우회(星友會, 회장 김상태)가 제일 먼저 우리 정부의 잘못된 안보정책 추진에 대해 우려의 목소리를 내기 시작했다. 성우회는 『위기의 국가 안보에 대한 성우회 입장』(2006.5.17)이란 보고서를 통해 '해상 북방한계선은 절대 사수해야 할 생명선이다' 라고 강조했다. 재향군인회는 2006년 6월 14일에 긴급 안보정책협의회를 열고 'NLL은 남북(南北)간 협상의제가 될 수 없다. 전시작전통제권 환수 서둘러서는 안 된다. 국가보안법 폐지 안 된다. 등' 을 의결했다. 이 회의에는 백선엽 장군, 강영훈 전(前)총리, 김성은 전 국방부장관 등 100여명의 위원이 참석했다. 재향군인회장(박세직)은 회의결과를 6월 25일 6 · 25참전용사를 위한 위로연에서 노무현 대통령에게 건의한 것으로 알려졌다. 아울러 군

(軍)원로들의 대통령 면담도 요청했다고 한다.[28] 이 건의가 받아들여졌는지는 알 수 없으나 언론보도는 없었다.

노무현 대통령은 NLL문제에 대해 군이 "북한과 논의와 타협의 대상이 아니다"라는 입장을 고수하자 전군(全軍) 주요지휘관회의(충남 계룡대, 2006.6.16)에서 NLL문제와 한미 관계 등을 주제로 군 수뇌부와 육해공군 장성들을 대상으로 특강을 했다. 이 자리에서 노 대통령은 "평화는 신뢰가 중요하고 전략적 유연성이 있어야 하며 이런 차원에서 NLL을 (북한과) 협상의 대상으로 할 수 있다"며 "국방장관은 남북회담에서 (NLL 협상이) 안 됩니다라고 했는데 절대적인 것은 아니다. 금기는 없다"라고 말한 것으로 알려졌다. 한 예비역 장성은 "당시 군 통수권자가 군이나 국민의 정서와는 동떨어진 얘기를 많이 해 많은 장성이 놀랐었다"고 언론에 익명으로 밝히기도 했다.[29] "NLL문제는 공존의 방법을 찾아 나가자는 것이지 그것을 가지고 북한에게 전술적 · 전략적으로 유리한 이익을 줘 우리를 위태롭게 하자는 것이 아니다"라며 "핵심은 위기요인을 제거하는 것, 압력을 낮추는 것"이라고 강조했다.[30]

---

28) 2006.6.25 및 6.26 언론보도 참조.

29) 송대성, "NLL 진실 공방과 궤도 이탈", 『미래한국 Weekly 451호 (2013.7.15-7.28)』, p.10.

30) 2006.6.16 및 6.17 언론보도 참조.

이후 NLL 문제에 대해 정부 내에서 검토가 활발해진 것으로 보인다. 후속 남북장성급회담은 북한의 장거리미사일 발사(2006.7.5, 대포동2호와 스커드 등 7발)와 제1차 지하핵실험(2006.10.9)으로 이후 1년간 열리지 못했다.

성우회와 재향군인회가 2006년 7월 26일 공동명의로 안보관련 시국성명(좌익 · 반미 · 친북세력 '안보관' 규탄성명)을 주요 일간지에 발표했다. 성명 전문은 아래와 같다. 이런 노력에도 불구하고 참여 정부는 2007년 2월 23일에 전시작전통제권 전환(한미연합군사령부 해체)일자를 2012년 4월 17일로 확정하였고, NLL과 국가보안법 문제는 2007남북정상선언에 '서해 공동어로구역 설정(제3조 및 5조)'와 '법률적 · 제도적 장치의 정비(제2조)'로 합의하였다.

■ 성우회 · 재향군인회, 좌익 · 반미 · 친북세력 '안보관' 규탄성명 (2006.7.26)

전시작전통제권 환수, 북방한계선(NLL)협상, 국가보안법 철폐를 획책하는 좌익 · 반미 · 친북주의자들의 한반도 적화통일 전략에 영합하는 안보관을 규탄한다!!

대한민국 재향군인회와 성우회는 대한민국 체제 존립을 위협하는 '전시작전통제권', '북방한계선(NLL)', '국가보안법' 등 3대 안보현안에 대한 입장을 다음과 같이 천명한다.

○ 왜, 이 시기에 전시작전통제권을 환수하려고 하는가?

- 동맹국간 작통권 위임 여부는 국익과 전쟁억제에 기초한 전략적 선택이다.
- 북한이 핵과 미사일로 위협하는 현실에서 전시작통권을 조기 환수하는 것은 북한의 호전성을 부추길 뿐만 아니라 주한미군 철수를 촉진하고, 한미동맹을 파멸로 이끌 뿐이다.
- 따라서 북한의 도발 가능성 소멸과 북의 핵공격에 대응할 수 있는 능력이 구비되는 자주 국방력 완비시까지 전시작통권 환수는 유보되어야 한다.

○ 북방한계선(NLL)은 한 치도 양보할 수 없다.

- NLL은 국군장병이 목숨 바쳐 56년간 지켜온 해상 휴전선이다.
- 쌍방은 「남북기본합의서」의 '불가침' 협약에 따라 이를 이행하고 보장해왔음에도 근래에 들어와 북한은 NLL을 수시 침범하고 도발을 자행해 왔다.
- 따라서 남북 군사적 긴장이 법적 · 제도적 · 현실적으로 해소될 때까지
- NLL은 결코 남북협상 의제가 되어서는 안 된다.

○ 국가보안법은 절대 사수해야 한다.

- 국보법은 대한민국 헌법을 보존하기 위한 체제 수호법이다.
- 그러나 「6 · 15선언」으로 본법을 무력화시켜 친북 · 반체제

세력이 급격히 확산된 현 시점에서

- 국보법을 북한의 평화공세의 제물로 희생시켜서는 안 되며
- 남북통일이 될 때까지 반드시 존치하여야 한다.

평생을 대한민국 체제 수호에 신명을 다 바쳐온 750만 재향군인회원과 성우회원은 상기의 3대 안보현안이 체제 전복세력들의 반체제 · 반국가적 행위로 인해 좌지우지되는 것을 결코 좌시하지 않을 것임을 엄중히 경고한다.

2006년 7월 26일

전 국방부장관 : 김성은, 정래혁, 유재흥, 서종철, 노재현, 윤성민, 이기백, 정호용, 오자복, 이상훈, 이종구, 최세창, 이병태, 이양호, 김동진, 김동신, 이 준, 조영길

전 합참의장 : 백선엽, 문형태, 김종환(15대), 류병현, 김윤호, 정진권, 이필섭, 윤용남, 김진호, 이남신

대한민국 재향군인회(회장 박세직), 대한민국 성우회(회장 김상태)

(2006년 7월 26일자 중앙일보와 동아일보에 게재한 성명서 전문임)

제 3 장
제2차 남북정상회담 대화록과 공동어로수역 분석

제 3 장

제2차 남북정상회담 대화록과 공동어로수역 분석

1. 남북정상회담 대화록 공개의 발단

제2차 남북정상회담에서 'NLL과 공동어로수역'에 대한 노무현 전 대통령과 북한 김정일 간의 대화록이 처음 알려진 것은 2012년 대선기간이다. 이를 통해 북한이 NLL을 어떻게 무효화하고 있는지를 어느 정도 가늠할 수 있게 되었다. 따라서 정상회담 대화록과 10·4선언에 명기된 '공동어로수역'에 대한 분석은 우리가 NLL 정책을 수립하는데 도움을 줄 수 있다. 그래서 상세하게 검토하게 되었다.

대선기간에 일어난 일을 먼저 정리하면 이렇다. 새누리당(여당) 박근혜 대선(大選)후보는 2012년 9월 13일 군사적 충돌 가능성이 있는 서해에서 기존의 남북 간 해상

경계선만 존중된다면 2007년 남북정상회담에서 합의한 서해 공동어로수역 및 평화수역 설정방안 등도 북한과 논의해볼 수 있다고 밝혔다. 박 후보는 이날 동아일보와 한국지방신문협회 소속 9개 주요 지방일간지와의 공동 인터뷰에서 이같이 말했다.[31)]

이에 대해 북한국방위 정책국 대변인은 2012년 9월 29일 "10 · 4 선언에 명기된 서해에서의 공동어로와 평화수역 설정문제는 북방한계선 자체의 불법무법성을 전제로 한 북남합의조치의 하나이다. 북방한계선 존중을 전제로 10 · 4선언에서 합의된 문제를 논의하겠다는 박000[32)]의 떠벌임이나 다른 괴뢰 당국자들의 북방한계선 고수 주장은 그 어느 것이나 예외 없이 북남 공동합의의 경위와 내용조차 모르는 무지의 표현이다"라고 말했다.

민주통합당(야당) 문재인 대선후보는 2012년 10월 4일 '10 · 4 남북정상선언 5주년 토론회' 에서 "저는 2007년 남북정상회담 당시 정상회담 추진위원장으로 두 정상이 논의할 의제와 합의문에 담아야 할 사항을 총괄적으로 준비했다"며 "참여 정부를 끝으로 중단됐던 지점을 출발점

31) 박근혜 "北 서해경계 존중하면 평화수역 논의 가능", 『동아일보』, 2012.9.14.

32) 북한은 육두문자를 섞어 박근혜 후보를 비난했다.

으로 삼아 한반도의 미래를 개척하겠다"고 말했다.[33)]

그리고 문 후보는 10월 4일 문정인 연세대 교수와 특별대담을 하면서 "국방장관이 회담을 성공적으로 이끌지 못한 것이 참 아쉽다"고 말했다. 당시 제2차 남북국방장관회담은 2007남북정상선언(10 · 4선언) 이행을 위해 평양(2007.11.27~29)에서 열렸다. 우리 측 수석대표는 김장수 전 국방장관이었고, 문 후보는 대통령 비서실장이었다. 문 후보는 이 회담을 언급하며 "국방장관이 회담에 임하는 태도가 대단히 경직됐다고 생각했다"고 주장했다. 특히 10 · 4선언의 핵심인 서해평화협력특별지대 설치에 대한 문 교수의 질문엔 "국방장관 회담에서 군사적 합의만 이뤄졌으면 그나마 많은 성과를 이룰 수 있었는데…"라며 책임을 국방부 쪽에 돌렸다. 이에 대해 10월 4일 김장수 전(前) 국방부장관은 이에 대해 반박했다. 김 전 장관은 문재인 후보의 발언에 대해 "전혀 동의할 수 없으며, 나보고 북측에 NLL을 양보했어야 한다는 얘기냐"고 했다.[34)]

33) "문재인, 10 · 4 선언 5주년 맞아 '적자' 행보", 『연합뉴스』, 2012.10.4.
34) "NLL 문제 있다는 盧대통령의 말 못들었느냐며 北인민무력부장이 2007년 국방장관회담때 공격", 『조선일보』, 2012.10.9.

국회 외교통상통일위 소속 새누리당 정문헌 의원은 2012년 10월 8일 통일부 국정감사에서 "2007년 10월 3일 오후 3시 백화원초대소에서 남북정상은 회담을 가졌다"면서 "당시 회담내용은 녹음됐고 북한 통일전선부는 녹취된 대화록이 비밀 합의사항이라며 우리 측 비선라인과 공유했다"고 말했다. 그는 "그 대화록은 폐기 지시에도 통일부와 국가정보원에 보관돼 있다"면서 대화록의 일부 대목을 공개했다. 정 의원은 대화록의 일부 내용이라며 "노 전(前) 대통령은 김정일에게 'NLL 때문에 골치 아프다. 미국이 땅따먹기 하려고 제멋대로 그은 선이니까. 남측은 앞으로 NLL을 주장하지 않을 것이며 공동어로 활동을 하면 NLL 문제는 자연스럽게 사라질 것' 이라며 구두 약속을 해줬다"고 말했다.[35)]

이후 정치권에서는 고소 · 고발사건이 이어졌다. 이에 대해 서울중앙지검 공안1부(부장 이상호)는 2013년 2월 21일 국정원이 제출한 제2차 남북정상회담 대화록 발췌본을 분석하는 등 사실 관계를 확인한 결과, 정 의원 등의 주장은 허구가 아닌 것으로 판단되므로 '혐의 없음'

---

35) "2007년 정상회담 비공개 대화록, 국회 외통위 국감서 논란", 『중앙일보』, 2012.10.9.

결론을 내렸다고 밝혔다. 즉, '노 전 대통령이 남북정상회담에서 NLL을 주장하지 않겠다고 말했다' 는 정 의원의 발언은 허위사실이 아니라는 것이다.[36] 민주당은 이에 반발해 항고했으나 검찰이 이를 기각하자 재항고를 포기하면서 'NLL 공방' 은 자취를 감추는 듯했다.

하지만 여야가 국정원 대선 개입사건에 대한 국정조사 실시를 놓고 공방을 벌이던 중 예기치 않은 계기로 다시 수면 위로 급부상했다. 민주당 박영선 의원(국회 법사위원장)이 2013년 6월 17일 "NLL 포기 논란은 국정원과 새누리당이 짠 시나리오"라고 주장하자 새누리당 정문헌 의원은 이를 "명백한 허위 사실"이라며 즉각적인 수사를 촉구하면서 꺼진듯했던 불씨가 되살아난 것이다. 이후 국회의 요구에 따라 국정원은 2013년 6월 24일 국회 정보위 소속 의원들에게 '2007 남북정상회담 회의록' 전문(A-4용지 103쪽 분량)을 배포했다. 그리고 국회는 2013년 7월 2일 본회의에서 대통령기록물로 지정돼 국가기록원에 보관 중인 2007년 남북정상회담 관련 회의록과 녹음기록물 등 자료 일체의 열람 · 공개를 국가기

36) 검 "盧가 'NLL 주장 않겠다' 했다는 발언, 허위 아니다", 『조선닷컴』, 2013.2.21.

록원에 요구하는 자료제출 요구안을 의결했다. 여야는 2013년 7월 15일~22일 경기도 성남 국가기록원을 방문해 관련 자료를 찾는 작업을 했다. 새누리당과 민주당이 5명씩 지정한 10명의 열람위원이 참여했다.

새누리당과 민주당은 2013년 7월 22일 오후 국회 운영위원회를 열어 국가기록원의 대통령기록관에 '2007년 남북정상회담 회의록이 없다'는 최종 결론을 내렸다. 민주당은 바로 정상회담 사전준비 · 사후이행 문서 열람을 주장하면서 "국정원 원본을 정상회담 회의록 원본으로 보면 된다"고 입장을 바꿨다. 민주당은 2013년 6월 말 국정원이 국회에서 회의록을 공개한 뒤, 훼손 · 왜곡 의혹을 제기하며 "원본으로 볼 수 없다"고 주장해왔다. 전병헌 민주당 원내대표는 이날 "새누리당은 국가정보원이 공개한 문서를 원본이라고 이미 주장하고 있기 때문에 국정원 원본을 (대화록) 원본으로 보면 된다"고 밝혔다.[37)]

---

37) 말 바꾼 민주당 "국정원본을 原本으로 보면 돼", 『조선일보』, 2013.7.23.

2. 공동어로수역과 서해5도 주민의 반대

제5차 남북장성급회담(2007.5.8~5.11)이 열렸다. 여기서 남북 양측은 공동보도문에 '서해 공동어로수역 설정, 북측 민간선박의 해주항 직항 운항, 임진강 수해방지, 한강하구 골재채취' 등 협력사업의 군사적 보장대책 등을 협의키로 했다. 이후 통일부 등에서는 평화수역 설정, 바다목장 시범운영 등을 추가로 검토했다.[38)]

북한은 제5차 남북장성급회담에 압박을 가할 목적으로 2007년 5월 10일 해군사령부 성명을 통해 '제3의 서해교전' 발발을 경고했다. 해상전투를 벌여서라도 NLL 문제를 이슈화해서 'NLL 재설정' 목적을 달성하겠다는 의도다. 이 협박은 5월 21일, 30일, 그리고 6월 10일에도 계속되었다. 이에 대해 우리는 NLL 근해에 신형구축함(DDH-II, 4,300톤)배치 등 현장 대응전력을 보강하여 북한의 기도를 차단하는데 주력했다.

2007년 6월 말~7월 초 국가안전보장회의(NSC)에서 소문으로 나돌았던 통일부와 국방부 간의 마찰이 언론에 뒤늦게 상세히 보도되었다. 통일부장관이 "NLL문제 못 풀면 남북관계에 진전이 없다"는 의견을 여러 차례 청와

38) 이것이 모두 제2차 남북정상회담에서 합의된 '서해 평화협력특별지대' 에 포함된다.

대에 직보(直報)한 것이 발단이 된 것이다. 이 회의에서 국방부장관은 "NLL문제는 국방부 소관인데 왜 통일부가 앞서 나서느냐"고 항의했다고 한다.[39)]

그리고 동아일보는 2007년 7월 3일자 기사에서, 정부 당국자가 남북관계를 지금보다 한 단계 도약시키기 위해서는 북한과 '국가보안법 철폐', '서해 북방한계선(NLL) 재설정' 등 지금까지 금기시 되어온 민감한 문제도 논의할 수 있음을 시사했다고 보도했다. 신문은 정부 핵심 당국자의 말을 인용 "6·15공동선언(2000년 제1차 남북정상회담 합의문) 틀 내에서의 남북관계 진전은 한계상황에 이른 측면이 있다"며 이같이 보도했다. 2000년 남북정상회담 이후 비군사적 분야인 경제협력과 이산가족상봉 등 인도적 분야, 사회·문화·체육·보건·환경 등 제반 분야에서 추진돼온 남북관계의 발전이 군사적 신뢰구축이 이뤄지지 않아 추동력을 잃었다는 것이다. 북한이 NLL 재획정이나 국보법 철폐, 주한미군 철수 등을 주장해 온 것은 어제오늘이 아니지만, 우리 정부 당국자가 북측의 이 같은 요구를 받아들여 논의할 수 있음을 시사했다는 점은 매우 충격적인 일이다. 특히 NLL 문제는 6·25전

39) 『서울신문』, 2007.8.13, 4면 참조.

쟁 휴전 이후 50여 년간 남북을 가르는 '국경선' 기능을 해왔기 때문에 '양보해서는 안 될 선' 으로 국민의식 속에 각인돼 있어 재논의가 가시화된다면 국민적 저항이 만만치 않을 매우 민감한 사안이다.

이에 대해 우리 국방부는 2007년 7월 3일과 7월 4일에 『해군력 미약했던 北에 'NLL은 유용한 선'』, 『정전협정 · 국제법을 위배한 억지』 '북방한계선에 관한 국방부의 입장' 을 국방부 홈페이지 및 국방일보에 실었다.[40)]

주요내용은 '정전협상 시 해상경계선 未(미)설정은 북한의 책임, 북방한계선은 북한에 유익한 선이었기 때문에 북한이 이의(異議) 不제기, 북한은 북방한계선의 존재를 인지 · 인정' 과 '조선 서해 해상군사분계선은 정전협정에 위배, 서해5도 통항질서도 정전협정에 위배, 조선 서해 해상군사분계선은 국제법에도 위배' 등이다. 북한의 억지주장을 반박하는 일종의 성명서다.

북한은 제6차 남북장성급회담(2007.7.24~26)에서 '서해 해상경계선 설정문제' 를 우선 논의하자고 고집했다. 또 그들은 NLL 이남해역의 5개소에 공동어로수역을 설

40) "국방부의 NLL 입장 바뀔까", 『인터넷 신문 konas.net』, 2007.7.3.

치하자고 제의했다. 북한은 NLL 재설정 주장이 수용되지 않자 "더 이상 (장성급)회담을 할 필요가 없다"며 회담을 결렬시켰다. 북한이 제2차 남북정상회담 개최발표(2007.8.8)와 연관하여 강수로 압박한 전술이다. 북한은 과거에도 이런 상투적인 수법을 사용해왔다.

남북은 제2차 남북정상회담을 평양에서 2007년 8월 28일~30일간[41] 개최한다고 2007년 8월 8일 동시에 발표했다. 다음날 우리 정부는 북한이 요구해온 'NLL 재설정'에 대해 "북한이 기존입장을 되풀이했다면 무시하겠지만 제6차 남북장성급회담(2007.7.24~26)에서 남북기본합의서의 부속합의서를 근거로 재설정을 요구했다"며 "이에 따라 국제법적인 문제, 정전협정 등을 따져 NLL을 재설정할 수 있는지, 다른 좋은 방안이 있을 수 있는지 종합적으로 검토해보도록 했다"고 밝혔다. 그리고 "남북기본합의서는 우리가 중시하는 것으로 2000년 남북정상회담 합의문에도 넣으려했으나 북한이 반대해 넣지 못한 것"이라고 말했다.[42] 이는 NLL 재설정에 대한 논의도 가능하다는 것으로 북한이 해석할 소지가 있다.

---

41) 회담 준비가 한창일 때 북한에서 수재(水災)가 났다. 북측에서 회담연기를 제안했다. 회담은 10월 2일~4일에 열렸다.

42) 2007.8.9 및 8.10 언론보도 참조.

이재정 통일부장관은 2007년 8월 10일 국회 통일외교통상위원회 답변에서 NLL은 "영토의 개념이 아니라 군사적 충돌을 막는 안보적 개념에서 설정된 것이다"라고 말했다. 그는 또 8월 16일 남북평화통일특별위원회에서 "(서해교전에서) NLL을 지키기 위해 장병 6명이 전사했는데, NLL이 영토가 아니라면 목숨을 걸고 지킬 필요가 없지 않느냐"는 한나라당 심재엽 의원의 질문에 대해 "지난번 서해교전[43]은 방법론에서 우리가 한 번 더 반성해 봐야 할 과제"라고 말했다. 이 장관은 8월 17일 정례 브리핑에서 'NLL은 재협상 대상'이란 종전의 입장을 되풀이했다. 그는 "NLL 재설정이 필요하다고 생각하느냐"는 질문에 "1992년 남북기본합의서의 부속합의서에서 해상불가침경계선을 획정하기 위해 계속 협의한다는 게 남북 간의 확실한 합의사항"이라며 "이 합의를 존중하는 것이 중요하다"고 답변했다.

재향군인회는 2007년 8월 10일 바로 보도 자료를 내고 "서해교전은 우리 영토(NLL 남쪽)를 침범한 북한 경비정이 사전 계획된 기습으로 우리 해군 고속정에 무차별

43) 서해교전(2002.6.29)은 2008년 이명박 정부에서 '제2차 연평해전'으로 명칭을 변경했다.

총격과 포격을 가해 와 교전규칙에 의거 즉각 대응 격퇴한 정당방위 행동이었다"며 "이재정 통일부장관은 왜 그 방법이 반성해야 할 일인지 밝히라"고 강력히 항의했다. 향군은 8월 16일 성명서에서 "이재정 장관은 국가의 부름을 받은 국민의 자제인 용감한 국군장병이 사명완수를 위해 자신의 목숨을 바친 애국충정에 대해 씻을 수 없는 모욕적인 언동으로 상처를 입혔다"며 "이 장관의 사상과 이념이 자유 대한민국의 통일부장관으로 자격이 있는지 스스로 반성하고 거취를 분명히 하라"고 주장했다.[44] 그리고 해사총동창회 · 성우회 · 대령연합회 및 안보관련 단체의 비난성명도 이어졌다.

우리 국방부 및 군 고위관계자들이 유엔군사령부측에 남북회담에서 NLL 변경문제를 거론하는 것에 대한 유엔군사령부의 입장을 타진했던 것으로 밝혀졌다. 이에 대해 유엔군사령관을 겸하고 있는 버웰 벨 주한미군사령관 등 유엔사측은 "NLL 변경 혹은 재설정은 남북이 단독으로 결정할 사안이 아니며, 유엔사의 동의가 필요하다"는 입장을 우리 측에 전달한 것으로 확인됐다. 현재 유엔사는

44) 2007.8.16 재향군인회 성명서(이재정 통일부장관의 국회망언을 엄중히 규탄하며 발언의 저의가 무엇인지 분명히 밝힐 것을 촉구한다!) 참조.

한반도 정전(停戰)체제 유지 및 관리 책임을 맡고 있다.[45)]

이 시기에 서해5도를 포함하는 인천 옹진군 주민 1만 17명이 남북정상회담에서 NLL 재설정 논의를 반대하는 건의문에 서명했다. 조윤길 옹진군수는 2007년 9월 27일 "주민 입장에서 NLL은 생존선"이라며 "6 · 25 이후 50년 넘게 북측의 잦은 도발에도 서해5도를 굳건히 지켜 왔던 주민들이 정부가 NLL 재설정 문제를 정상회담 의제로 삼으려는데 울분을 터뜨리고 있다"고 말했다. 조 군수는 인천 앞바다에 이른바 '평화수역'이 선포되거나 NLL에 '공동어로수역'이 설정되면 옹진군 주민들의 어장 축소는 물론이고 결국 옹진군 내 상당수 섬들이 분단 · 고립될 가능성이 크다고 했다.[46)]

정상회담 추진위원장인 문재인 청와대비서실장은 2007년 9월 13일 국회에서 "이번 정상회담에서 원하든 원치 않든 NLL문제가 논의될 가능성이 없지 않다"고 말했다. 그 이유로 "의제에는 저희가 희망하는 것이 있고 우리가 희망하든 안하든 북측이 제기할 것으로 예상하는 것이 있다"며 "NLL같은 경우는 우리가 희망 안 해도 북

45) 유용원 군사세계(2007.9.13), 유용원 기자, "군, 'NLL변경' 유엔사에 타진".

46) "[사설] NLL을 이렇게 허물 수는 없다", 『조선일보』, 2007.9.29.

측이 제기할 가능성이 있다고 본다"고 말했다. 청와대 관계자는 2007년 9월 27일 "군사적 충돌이 상존하는 대표적인 지역과 바다로서는 서해 NLL이고 육지에서는 DMZ이지 않으냐"며 "이들 지역의 군사적 긴장을 완화하고 평화증진으로 이어질 수 있도록 '평화지대화' 하는 방안을 검토할 수 있을 것"이라고 말했다.[47] 문재인 전 비서실장은 2011년 6월에 출간한 회고록에서 "중간에 북한 김양건 통일전선부장이 (정상)회담 준비사항 협의차 서울에 내려왔다. 그런데 우리가 제기했던 주요 의제에 대해 갖고 온 내용이 거의 없었다. (노무현) 대통령은 노골적으로 실망을 표시했다. 대통령은 우리 쪽에서 주장하는 여러 내용을 북한의 입장에서 판단할 수 있도록 북한판 버전으로 만들어 전달하라고 지시했다. 나중에 다행히 북측이 이를 많이 수용해서 회담의 알찬 성과로 이어질 수 있었다"라고 기록했다.[48]

남북한이 각각 제안한 공동어로수역 위치와 북한이 새롭게 주장한 해상군사분계선이 2013년 7월 언론을 통해 〈그림6〉과[49] 같이 비교적 자세히 알려졌다. 윤호중

---

47) 2007.9.27 및 9.28 언론보도 참조.

48) 문재인, 『문재인의 운명』 (서울: 가교출판, 2011), p.352.

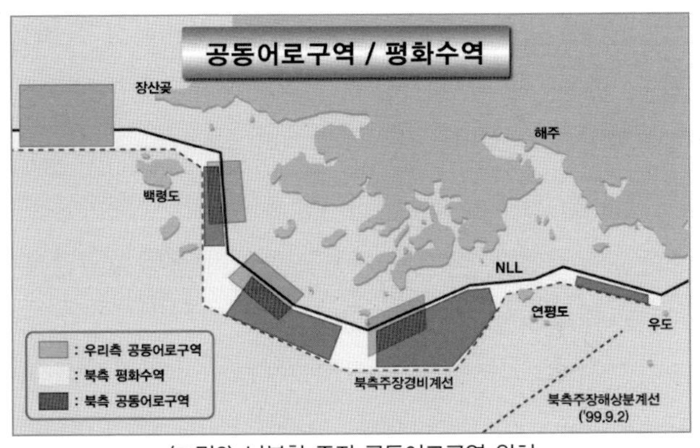

〈그림6〉 남북한 주장 공동어로구역 위치

민주당 국회의원이 2013년 7월 14일, 2007년 남북정상회담 당시 노무현 대통령이 서해 '북방한계선(NLL)' 수호를 전제로 남북공동어로수역을 설치하자며 김정일 북한 국방위원장에게 전달했다는 지도 사본 등을 공개했다. 윤 의원은 또 국정원과 정문헌 새누리당 의원이, 노 전 대통령이 'NLL 포기' 발언을 했다는 자신들의 주장을 뒷받침하기 위해 북한이 주장하는 해상 군사분계선을 NLL보다 훨씬 아래쪽으로 확장 표시하는 왜곡을 저질렀다고 비판했다. 윤 의원은 국회에서 기자회견을 열어 2007년 남북정상회담에서 우리정부가 제시한 '서해평

49) 민주당, 노대통령이 제안한 공동어로구역 지도 공개 윤호중 의원 "박 대통령 사과하고 국정원장 즉각 해임하라", 『통일뉴스』, 2013.7.15.

화협력특별지대 위치도', 회담 직후 2007년 11월 27~29일 후속조처로 진행된 남북 국방장관회담에서 우리가 제안한 '(남북공동어로수역) 등면적안(等面積案) 지도', 같은 해 12월 남북 장성급군사회담에서 북한이 제시한 지도들을 공개했다. 이 지도 사본들은 참여 정부 고위급 인사한테서 입수한 것이라고 설명했다.[50)]

3. 정상회담 대화록 분석

제2차 남북정상회담은 2007년 10월 2일~4일간 평양에서 열렸다. 노무현 대통령과 북한 김정일 국방위원장의 정상회의는 10월 3일에 두 차례 있었다. 회의에 우리측은 권오규 부총리 겸 재정경제부장관, 이재정 통일부장관, 김만복 국가정보원장, 백종천 통일외교안보정책실장, 조명균 안보정책비서관(기록)이 북측은 김양건 통일전선부장이 배석했다. 우리 국방부장관(김장수)은 수행원으로 평양에 갔으나 회의에는 참가하지 못했다.[51)]

---

50) 민주 'NLL 유지' 어로지도 공개…국정원의 '포기' 주장 반박, 『한겨레뉴스』, 2013.7.14.

51) 헌법에 따라 국군통수권을 받아 국군을 지휘해야 하는 국방부장관을 적지(敵地)인 평양으로 수행하게 한 것은 안보차원에서 이해하기가 어려운 일이다. 2000년 6월의 제1차 남북정상회담에는 국방부군비통제관(육군소장)이 평양에 갔다. 그리고 대통령이 우방국 해외순방 때도 국방부장관을 동행하지 않는 것이 관례로 알려져 있다.

〈그림7〉 남북정상회담 회의 장면

국정원이 2급 비밀인 '2007 남북정상회담 회의록'을 일반문서로 재분류해 2013년 6월 24일 국회에 제출했다. '2007 남북정상회담 회의록(10.2~4, 평양)이라는 제목으로 된 이 문건은 A4용지 103쪽 분량으로, 표지에 생산일자 2008년 1월로 표기되어 있다. 회의록은 2007년 10월 3일 1차 회의(오전 9시34분~11시45분) 131분과 2차 회의(오후 2시30분~4시25분) 115분을 녹취한 남북정상회담 대화 내용을 모두 담고 있는 것으로 알려졌다. 당시 노무현 대통령과 북한 김정일 위원장이 서해북방한계선(NLL) 문제 등 남북 현안에 대해 어떤 인식을 갖고 있는지를 생생히 보여주고 있다.

대화록 가운데 'NLL과 공동어로수역' 과 관련한 장면을 아래와 같이 발췌해 보았다.[52] 이들 장면은 2007년 10·4선언 당시 노무현·김정일 간 합의된 서해평화협력지대(또는 평화수역)와 공동어로수역의 위치를 명확히 보여준다. 6개 장면을 읽어 보면, NLL 이북과 이남, 즉 북한 쪽 바다와 남한 쪽 바다에 걸쳐 평화협력지대와 공동어로수역을 만들려 했다는 민주당 측 주장이 사실이 아님을 보여준다. 이들 수역의 위치가 우리 해역인 NLL '남쪽에' 확정돼 있기 때문이다. 김정일은 평화협력지대와 공동어로수역을 NLL 이북과 이남에 걸친 바다가 아니라 NLL '남쪽에만' 만들자고 여러 차례 제안했고 노무현 대통령 역시 "나는 위원장하고 인식을 같이하고 있습니다. NLL은 바꿔야 합니다" "예 좋습니다" 등 동의한다. 노 대통령이 NLL을 포기하려는 고의(故意)를 가지고 회담에 임한 것인지 아닌지 여부는 알 수 없다. 그러나 NLL을 지켜야 한다는 의지가 없었고 오히려 김정일 요구를 들어줘야 모든 면에서 좋을 것이란 생각을 했었던 것은 분명해 보인다. 아래 장면은 시간 순으로 모아본 것이다.

52) 金成昱, 盧武鉉의 'NLL 포기' 5장면 명백한 영토주권 포기...NLL은 이렇게 버려졌다!, 『조갑제닷컴』, 2013.6.28. 대화내용을 보완하고 장면6을 추가했다.

장면1.

NLL 문제는 최초 김정일이 제기한다. 오전회의에서 김정일은 "우리 의견은 앞으로 국방장관급에서 논의되겠지만 내 생각 같아서는 군사경계, 우리가 주장하는 군사경계선, 또 남측이 주장하는 북방한계선, 이것 사이에 있는 수역을 공동어로구역, 아니면 평화수역으로 설정하면 어떻겠는가"라고 제안한다. NLL 대화 시작부터 한국바다와 북한 바다 위가 아니라 남한의 NLL 이남과 북한이 주장해 온 경계선(1999년 주장) 이북의 바다, 즉 우리 해역에 공동어로수역 · 평화수역을 만들자고 제안한 것이다. 김정일은 이어 "우리군대는 지금까지 주장해온 군사경계선에서 남측이 북방한계선까지 물러선다. 물러선 조건에서 공동수역으로 한다. 공동수역 안에서 공동어로 한다. ... 당장은 공동으로 관리하고 있는 수역 내에, 그 수역의 범위를 넓히자 하니까 우리 북방한계선까지 군대는 해군은 물러서고 그담에 그 안에 공동어로구역, 평화수역. 이렇게 평화수역을 하면 인민들에게 희망을 주지 않겠는가. 그래서 내가 자꾸 앙탈진다 생각하지 말고 공동수역 만들면 되지 않나. ... 당면하게는 쌍방이 앞으로 해결한다는 전제하에 북방한계선과 우리 군사경계선 안에 있는 수역을 평화수역으로 선포한다. 그리고 공동어로 한다"고 말을 쏟아낸다. 이는 공동어로수역 · 평화수역의 위치(位置)와 관련된 말이다. NLL 북쪽은 지금처럼 북한 영역으로 놔두고 NLL 남쪽에만 공동어로수역 · 평화수역을 설치하자는 것이다. 노 대통령은 김정일의 제안에 대해 "예, 아주 나도 관심이 많은..."이라고 답하고 김정일은 다시 "그래서 그거로 가야지요"라고 화답한다. 대화는 다른 주제로 이어진다.

장면2.

노 대통령은 다시 NLL 문제를 꺼낸다. 그는 "서해 군사분계선의 문제 있습니다. 이 문제는 위원장하고 나하고 관계에서 좀 더 깊이 있는 논의를 해야 됩니다. ... NLL 문제 의제로 넣어라.. 넣어서 타협해야될 것 아니냐.. 그것이 국제법적인 근거도 없고 논리적 근거도 분명치 않은 것인데.. 그러나 현실로서 강력한 힘을 가지고 있습니다". "북측 인민으로서도 아마 자존심이 걸린 것이고.. 남측에서는 이걸 영토라고 주장하는 사람들이 있습니다. ... 뭐 아무리 설명을 해도 자꾸 딴소리를 하는 겁니다. 그거 안됩니다 하고.."라고 불평을 한다. 이어 "위원장께서 제기하신 서해 공동어로 평화의 바다 · · · 내가 봐도 숨통이 막히는데 그거 남쪽에다 그냥

확 해서 해결해버리면 좋겠는데". "위원장이 지금 구상하신 공동어로 수역을 이렇게 군사 서로 철수하고 공동어로하고 평화수역이 말씀에 대해서 똑같은 생각을 가지고 있거든요.. 단지 딱가서 NLL 말만 나오면 전부다 막 벌떼처럼 들고 일어나는 것 때문에 문제가 되는 것인데 위원장하고 나하고 이 문제를 깊이 논의해볼 가치가 있는 게 아니냐... 그리고 국방회담이라든지 이런 문제에 대해서 전향적으로 말씀해주신데 대해서 참 감사하게 생각합니다" 등 앞에서 제기된 김정일 제안에 동의한다.

장면3.

김정일은 노 대통령의 NLL 문제 제기에 대해 놀랐던 것 같다. 김정일은 "남측의 서해문제에 대한 실질적인 요구는 무엇입니까?"라고 묻는다. 이에 대해 노 대통령은 "남측의 요구라기보다는, 나는 그 부분이 우발적 충돌의 위험이 남아있는 마지막 지역이기 때문에 거기에 뭔가 문제를 풀어야 된다고 생각합니다"라며 남측의 특별한 요구가 없다고 말한다. 이어 "NLL이라는 것이 이상하게 생겨 가지고, 무슨 괴물처럼 함부로 못 건드리는 물건이 돼 있거든요"라며 다시 불만을 터뜨린 뒤 "그래서 거기에 대해 말하자면 서해 평화지대를 만들어서 공동어로도

하고, 한강하구에 공동개발도 하고, 나아가서는 인천, 해주 전체를 엮어서 공동경제구역도 만들어서 통항도 맘대로 하게하고, 그렇게 되면, 그 통항을 위해서 말하자면 그림을 새로 그려야 하거든요. 여기는 자유통항구역이고, 여기는 공동어로구역이고, 그럼 거기에는 군대를 못 들어가게 하고. 양측이 경찰이 관리를 하는 평화지대를 하나 만드는, 그런 개념들을 설정하는 것이 가장 시급한 문제이지요"라며 김정일의 요구사항인 공동어로수역과 평화지대만 만들면 충분하다고 답한다.

장면4.

오후 회의에서 대화가 잠시 다른 쪽으로 흘러간 뒤 노 대통령은 다시 NLL 문제를 꺼낸다. 그는 "NLL 문제가 남북문제에 있어서 나는 제일 큰 문제로 생각하고 있다"며 "이 문제에 대해서 나는 위원장하고 인식을 같이하고 있습니다. ... NLL은 바꿔야 합니다. 그러나 이게 현실적으로 자세한 내용도 모르는 사람들이 민감하게, 시끄럽긴 되게 시끄러워요. 그래서 우리가 제안하고 싶은 것이 안보군사 지도 위에다가 평화 경제지도를 크게 위에다 덮어서 그려보자는 것입니다"라고 단언한다. 이로써 NLL은 남북 정상간 대화에서 사실상 무력화(無力化)되고 만다.

장면5.

김정일은 서해 평화협력지대·공동어로수역의 위치(位置)를 확인하고 다시 확인한다. 그는 "지금 서해문제가 복잡하게 제기되어 있는 이상에는 양측이 용단을 내려서 그 옛날 선(線)들 다 포기한다. 평화지대를 선포, 선언한다 그러고 해주까지 포함되고 서해까지 포함된 육지는 제외하고, 육지는 내놓고, 이렇게 하게 되면 이건 우리 구상이고 어디까지나, 이걸 해당 관계부처들에서 연구하고 협상하기로 한다"고 말한다. 노 대통령은 이어 "서해 평화협력지대를 설치하기로 하고 그것을 가지고 평화 문제, 공동번영의 문제를 다 일거에 해결하기로 합의하고 거기 필요한 실무 협의 계속해 나가면 내가 임기 동안에 NLL문제는 다 치유가 됩니다. NLL보다 더 강력한 것입니다"라고 답한다. 김정일이 NLL 등 그 옛날 선(線)들을 포기하자고 하고 노 대통령이 동의하는 모습이다.

김정일은 또 다시 미심쩍어 "이걸로 결정된 게 아니라 구상이라서 가까운 시일 내 협의하기로 한다. 그러면 남쪽 사람들은 좋아할 것 같습니까?"라고 재차 묻는다. 노 전 대통령은 이에 대해 "그건 뭐 그런 평화협력지대가 만들어지면 그 부분은 다 좋아할 것입니다. 또 뭐 시끄러우면 우리가 설명해서 평화문제와 경제문제를 일거에 해결하는 포괄적 해결을 일괄 타결하는 포괄적 해결 방식인데 얼마나 이게 좋은 것입니까?"라고 말한다. 심지어 "나는 뭐 자신감을 갖습니다. 헌법문제라고 자꾸 나오고 있는 헌법문제 절대 아닙니다. 얼마든지 내가 맞서 나갈 수 있습니다"라며 "아주 내가 가장 핵심적으로 가장 큰 목표로 삼았던 문제를 위원장께서 지금 승인해 주신 거죠"라고 답한다. 김정일은 "평화지대로 하는 건 반대 없습니다"라고 답한다.

김정일의 평화협력지대 · 공동어로수역 위치확인은 되풀이됐다. 집요할 정도다. 김정일은 "바다문제까지 포함해서 그카면 이제 실무적인 협상에 들어가서는 쌍방이 다 법을 포기한다, 과거에 정해져 있는 것, 그것은 그때 가서 할 문제이고 그러나 이 구상적인 문제에 대해서는 이렇게 발표해도 되지 않겠습니까?"라고 말하고 노 대통령은 "예 좋습니다"라고 말한다. 여기서도 김정일은 NLL 등 쌍방이 다 법을 포기한다고 말했고 노 대통령은 동의했다.

장면6.

김정일은 서해 평화협력지대(공동어로수역과 평화수역 등)를 시범적으로 하자고 하면서 다시 확인한다. 김정일의 “남측의 반응은 어떻게 예상됩니까? 반대하는 사람들도 있지요?”에 대해 노 대통령은 “없습니다. 서해 평화협력지대를 만든다는 데에서 아무도 없습니다. 반대를 하면 하루아침에 인터넷에서 반대하는 사람은 바보되는 겁니다”라고 확인해 주었다.

4. 대화록에 대한 평가

국가정보원은 2007년 남북정상회담 대화록 논란과 관련, “서해 북방한계선(NLL)을 포기한 것”이라는 입장을 2013년 7월 10일 내놨다. 국정원은 대변인 성명을 통해 “남북정상회담 회의록 내용은 남북정상이 수차례에 걸쳐 백령도 NLL과 북한이 주장하는 ‘서해해상군사경계선’ 사이 수역에서 쌍방 군대를 철수시키고, 이 수역을 평화수역으로 만들어 경찰이 관리하는 공동어로구역으로 한다는 것”이라며 “회의록 어디에도 일부의 주장과 같은 ‘NLL을 기준한 등거리 · 등면적(等距離 · 等面積)에 해당하는 구역을 공동어로구역으로 한다’는 언급은 전혀 없다”고 밝혔다. 국정원은 “이는 육지에서 현재의 휴전선에 배치된 우리 군대를 수원-양양선 이남으로 철수시키고, 휴전선과 수원-양양선 사이를 ‘남북공동관리지역' 으로 만든다면 '휴전선 포기' 가 분명한 것과 같다"고 설명했다. 국정원은 특히 남북정상회담 회의록 내용과 같이 현 NLL과 소위 '서해해상군사경계선' 사이의 쌍방 군대를 철수시킨다면 "우리 해군만 일방적으로 덕적도 북방 수역으로 철수해 NLL은 물론 이 사이 수역의 영해 및 우리의 단독어장을 포기하게 되는 것"이며 "서해 5도서의 국민과 해병 장병의 생명을 방기하는 것"이라고 해석했다. 또 "역내 적(敵) 잠수함 활동에 대한 탐지가 불가능해짐에 따라 영종도 인천국제공항과 인천항은 물론 수도권 서해 연안이 적 해상침투 위협에 그대로 노출되는 심각한 사태를 초래하게 된다"고 덧붙였다. 국정원은 "회의록은 김만복 전(前) 국정원장의 재가를 받아 국정원이 생산 · 보관 중인 공공기록물을 공개한 것이고 이는 국가안보를 위한 불가피한 선택이었다"고 강조했다.[53)]

남재준 국정원장은 2013년 8월 5일 국정원이 공개한 NLL(북방한계선) 대화록의 진본 논란에 대해 "2008년 1월 3일 김만복 전 국정원장이 녹음 파일을 갖고 자체 생산해 낸 진본"이라고 주장했다. 국정원 댓글 의혹 사건 국정조사 특위의 비공개 기관보고에서다. 남 원장은 "노

53) 국정원, 대변인 성명 내 "정상회담, NLL 포기 맞다…국민 생명 방기한 것", 『조선닷컴』, 2013.7.10.

무현 대통령의 NLL 서해평화지대와 박근혜 대통령의 비무장지대 평화지대가 똑같은 게 아니냐"는 민주당 의원의 질문에 대해 "다른 것"이라고 선을 그었다. 그는 "노무현 전 대통령의 개념은 NLL 아래쪽으로 서해 평화지대를 만든다는 것이고, 박 대통령은 비무장지대에 (등거리 등면적으로) 만들겠다고 하는 것"이라고 말했다고 양당 의원들이 전했다. 남 원장은 또 2007년 남북 정상회담 당시 노 전 대통령이 NLL 포기 취지의 발언을 했는지 여부를 묻는 새누리당 김재원, 민주당 박남춘 의원의 질의에 "노 전 대통령이 김정일 북한 국방위원장의 NLL을 없애자는 발언에 동조했기 때문에 NLL의 포기로 본다"고 밝힌 것으로 전해졌다. 남 원장은 그러나 정상회담 대화록에서 '포기'라는 단어가 있었는지를 묻자 '포기 단어는 없다'고 답했다. 그러면서 "NLL 대화록 '포기' 발언은 없지만 (민주당이 주장하는) '등거리 등면적' 얘기도 없었다"고 말했다. 그는 또 "NLL 대화록 공개는 본인의 독자적 판단에서 이뤄진 것"이라고 말해 청와대와의 교감설을 전면 부인했다고 특위 위원들이 전했다.[54]

54) 남재준 "노 전 대통령, 김정일에 동조 … NLL 포기로 봐", 『중앙일보』, 2013.8.6.

국방부는 2013년 7월 11일 남북정상회담 발언록에 언급된 공동어로수역과 관련, "서해 북방한계선(NLL) 밑으로 우리가 관할하는 수역에 공동어로수역을 설정하는 것은 NLL을 포기하는 것으로 해석될 수 있다"고 밝혔다. 국방부 김민석 대변인은 이날 정례브리핑을 통해 "NLL과 북한이 일방적으로 선포한 해상분계선 사이가 중립수역화되고 그곳에서 해군력을 빼면 수중에서 활동하는 북한 잠수함을 감시할 수 없다"면서 그같이 말했다. 김 대변인은 "(정상회담에서) 북한의 주장대로 그곳에서 해군력을 빼고 경찰력만으로 경비를 서게 된다면 결국 북한 해군만 우리 수역에서 활동하게 되는 것"이라며 "그 결과는 북한 해군력이 덕적도 앞바다와 인천 앞바다까지 들어오게 되는 굉장히 위험한 결과를 초래한다"고 지적했다. 그는 "우리가 관할하는 수역에 북한 해군이 왔다갔다하게 되면 서북5도에 있는 우리 해병대와 주민들의 안전을 보장할 수 없고 인질화될 수 있다"고 덧붙였다. 한편 국방부의 한 고위 관계자는 "2007년 남북정상회담 이후 개최된 제2차 남북국방장관회담에서 당시 김장수 국방부장관이 'NLL을 기준으로 남북 등면적(等面積)으로 공동어로구역을 설정한다'는 회담 전략을 수립, 대통령의 승인을 받았다"면서 "당시 회담 대표단은 정상회담 발언

록에 언급된 내용을 모르고 방북했다"고 전했다.[55]

5. 정상회담 이후 노무현 대통령의 NLL관련 발언

노무현 대통령은 2007년 10월 11일 서해 북방한계선(NLL)과 관련해, "그 선이 처음에는 우리 군대(해군)의 작전 금지선이었다"며 "이것을 오늘에 와서 '영토선'이라고 얘기하는 사람도 있는데, 이렇게 되면 국민을 오도(誤導)하는 것"이라고 말했다. 노 대통령은 이날 낮 청와대에서 열린 여야 정당대표 초청 오찬간담회 및 출입기자 간담회에서 "휴전선은 쌍방이 합의한 선인데, 이것은 쌍방이 합의하지 않고 일방적으로 그은 선"이라며 이렇게 밝혔다. 노 대통령이 북방한계선이 정식 영토선이 아니라는 견해를 공식적으로 밝힌 것은 처음이다. 노 대통령은 이어 "국민들을 오도하면 여간해서는 풀 수 없는 문제가 될 것이기 때문에, 정치권에서 사실 관계를 오도하는 인식을 국민들에게 심는 것은 굉장히 부담스러운 일이라는 점을 고려해 주었으면 좋겠다"며 "이 문제는 '남북기본합의서'에 근거해서 대응해 나간다는 것이 우리 기본

55) 국방부 "NLL남쪽 공동어로구역 설정은 NLL 포기", 『연합뉴스』, 2013.7.11.

입장"이라고 말했다. 그는 또 "NLL 의제를 남북 간에 많이 다투어서는 우리한테 결코 유리한 주제가 아니다"며 "우리가 NLL 위에다 (남북 경제협력의) 새로운 그림을 그려서 쓰면 되는 것"이라고 강조했다.[56)]

당시 노무현 대통령이 'NLL(서해 북방한계선)은 영토선이 아니다' 라고 한 발언에 대해 우리 국민의 다수가 공감하지 않는 것으로 나타났다. 갤럽조사에서 "지난 50년간 남북한이 침범해서는 안 되던 해상 경계선인 NLL에 대해 남북정상회담 이후 노무현 대통령이 'NLL은 군사적 목적의 경계선이며 영토선이 아니다' 라고 한 발언에 얼마나 공감하는가"란 질문에 '공감하지 않는다' (59%)가 과반수였다. '공감한다' (32.1%)에 비해선 두 배에 가까웠다. 노 대통령의 NLL 발언에 대해 '공감하지 않는다' 는 반응은 20대(53.3%), 30대(53.6%), 40대(63.8%), 50대 이상(63.6%) 등 모든 연령층에서 과반수였다. 한나라당(야당) 지지층에서는 다수(71.6%)가 '공감하지 않는다' 고 답했고 대통합민주신당(여당), 민주당, 민주노동당 지지층에서는 의견이 반반으로 갈렸다. 노 대통령의 지지층에서도 3명 중 1명 이상인 37.4%가 노 대통령의

56) 노대통령, "NLL은 영토선 아니다", 『한겨레뉴스』, 2007.10.11.

NLL 발언에 '공감하지 않는다' 고 답했다.[57)]

노무현 대통령이 2007년 11월 1일 NLL을 지켜야 한다는 국내 일부주장을 어렸을 적 '땅 따먹기 놀이' 에 비유하면서 이해관계가 걸린 실질의 문제가 아니라 정서상의 문제일 뿐이라는 취지로 말했다. 노 대통령은 민주평화통일자문회의 상임위원을 상대로 한 연설에서 "그림까지 딱 넣고 합의도장을 찍어버려야 하는데 조금 더 북쪽으로 밀어붙이자, 남쪽으로 내려오자 옥신각신하고 있다"면서 "실질적으로는 거의 아무런 이해관계가 없는 문제를 놓고 괜히 어릴 적 땅 따먹기 할 때 땅에 줄 그어놓고 니 땅 내 땅 그러는 것과 같다"고 말했다.[58)]

노 대통령은 "어릴 때 책상 가운데 줄 그어놓고 칼 들고 넘어오기만 하면 찍어버린다. 꼭 그것과 비슷한 싸움을 지금 하고 있는 것"이라고 말했다. 노 대통령은 이어 "그림을 대강 그려도 괜찮지만 사실은 대강 그릴 수 없다"면서 "그게 지금 우리의 비극이다. 대강 그려도 아무 문제없는데 어느 쪽도 대강 그릴 수 없는 심리적 상태, 이것이 우리의 비극"이라고 말했다. 노 대통령은 "다시

57) "NLL이 영토선 아니라는 말에 공감 안해 59%", 『조선닷컴』, 2007.10.17.
58) "노대통령, NLL '영토선' 주장은 국민오도", 『조선일보』, 2007.11.2.

긋는다고 우리나라에 뭐 큰일이 나고 당장 안보가 위태로워지는 것은 아니지만 우리 국민들의 북쪽에 대한 정서가 아직 양보하는 것은 용납할 수 없다는 것"이라고 말한 뒤, 그래서 이번 남북정상회담에서 NLL 문제를 직접 거론하지 않고 서해평화협력지대 구축으로 우회해 해결한 것이라고 말했다. 노 대통령은 NLL이 ▲ 합의되지 않은 선이다 ▲ 국제법상 영토선 획정기준에 맞지 않는다는 북한주장에 대해 "그것은 사실"이라면서 "하지만 내 마음대로 줄긋고 내려오면 아마 판문점 어디에서 '좌파친북 대통령 노무현은 돌아오지 말라, 북한에서 살아라' 이렇게 플래카드 붙지 않겠느냐"고 말했다. 노 대통령은 또 "'목숨 걸고 지킨 영토선' 이라고 하는데 그 말은 일리가 있다"면서 "그러나 한편으로 보면 그 선 때문에 아까운 목숨을 잃은 것 아니냐. 합의된 선이라면 목숨을 잃지 않아도 되는 것 아니냐"고 말했다.

6. 정상회담 후속조치

2007남북정상선언(2007.10.4)에 '공동어로수역과 평화수역 설정, 민간선박의 NLL 통과 해주직항로 개설' 을 적극 추진해 나가기로 했다. 10 · 4선언의 제3항 "남과 북은 군사적 적대관계를 종식시키고 한반도에서 긴장완화와 평화를 보장하기 위해 긴밀히 협력하기로 하였다. ----. 남과 북은 서해에서의 우발적 충돌방지를 위해 공동어로수역을 지정하고 이 수역을 평화수역으로 만들기 위한 방안과 각종 협력 사업에 대한 군사적 보장조치 문제 등 군사적 신뢰구축조치를 협의하기 위하여 남측 국방부장관과 북측 인민무력부부장간 회담을 금년 11월 중에 평양에서 개최하기로 하였다"와 제5항 "남과 북은 민족경제의 균형적 발전과 공동의 번영을 위해 경제협력사업을 공리공영과 유무상통(有無相通)의 원칙에서 적극 활성화하고 지속적으로 확대 발전시켜 나가기로 하였다. ----. 남과 북은 해주지역과 주변해역을 포괄하는 '서해평화협력특별지대'를 설치하고 공동어로구역과 평화수역 설정, 경제특구건설과 해주항 활용, 민간선박의 해주직항로 통과, 한강하구 공동이용 등을 적극 추진해 나가기로 하였다"고 명기했다.

정상선언의 내용과 통일부장관의 발언을 비교해보면 서해평화협력지대는 통일부의 계획대로 추진된 것으로 보인다. 통일부는 이와 관련, 해설자료를 통해 "한반도 평화와 번영을 견인할 수 있는 포괄적 프로젝트"라며

"평화와 번영을 결합한 새로운 평화경제사업"이라고 설명했다. 통일부는 "서해 NLL 등 군사문제를 군사적 방식이 아닌 경제적 공동이익 관점에서 접근하는 발상의 전환을 통해 서해 '군사안보벨트'를 '평화번영벨트'로 전환하는 의미가 있다"고 밝혔다.[59] 국방부의 의견 반영이 미흡한 것으로 분석된다.

국회 국방위소속 한나라당 某의원이 2007년 10월 23일 국방부로부터 제출받은 '북한선박 NLL 침범현황'에 따르면 북한은 2007년 10월 5일~18일 간 5차례나 NLL을 침범했다. 이는 2007년 월평균의 2배에 해당한다. 2007년 들어 총26회 침범으로 년 평균 17회보다 더 많다. 또한 남북정상회담 개최합의 이후에도 2007년 8월 25일과 30일, 9월 25일에도 북한의 전마선이 NLL을 침범했다. 정상회담 직전인 9월 21일에는 北경비정이 NLL을 침범해 우리 해군이 경고통신을 보내는 등의 조치를 취한 것으로 나타났다.[60]

그리고 북한 해군사령부가 2007년 10월 21일 남측해군 전투함들이 자신들이 주장하는 영해를 침범했다며 "남조

59) "[10 · 4선언] 특별지대 선포하면 NLL은", 『연합뉴스』, 2007.10.4.
60) "北, 정상회담 이후 5차례 NLL 침범…평소보다 2배 늘어", 언론보도 (2007.10.23)

선 군 당국의 처사는 '북남관계 발전과 평화번영을 위한 선언'에 대한 도저히 용납할 수 없는 노골적인 도전이며, 북남관계를 또다시 대결국면에로 몰아가려는 정략적 기도의 산물"이라고 주장했다. 북한의 조선중앙통신에 따르면 북한 해군사령부는 이날 발표한 '보도'를 통해 특히 "북과 남이 '서해평화협력특별지대'를 설치하고 공동어로구역과 평화수역 설정에 합의한 오늘에 와서까지 남조선 군 당국이 이런 식으로 불법비법의 '북방한계선'을 '고수'할 수 있다고 생각한다면 그것처럼 어리석은 일은 없다"고 말했다. 북한 해군사령부는 이어 "우리의 신성한 영해에 기여 들어 제멋대로 돌아치고 있는 남조선군 해군함선들의 무모한 군사적 도발행위를 결코 보고만 있지 않을 것"이라며 "남조선 군 당국은 경거망동하지 말아야 한다"고 덧붙였다. 북한 해군사령부가 우리 해군의 북측 '영해 침범'을 주장하고 대응경고를 한 것은 2007년 5월 3차례와 6월 1차례에 이어 이번이 5번째다.[61] 이같이 남북정상회담이 남북 간 신뢰구축에 도움이 되지 못함을 알 수 있다.

정상회담 직후 안보전문가 집단인 성우회, 재향군인회, 해사총동창회, 해병대전우회, 예비역 단체 등은 '서

61) "북해군 '남측 전함, 영해침범…정상선언 도전'", 『연합뉴스』, 2007.10.21.

해평화협력특별지대 설치'를 반대하는 성명서를 연일 발표했다. 사정이 이렇게 급박해지자 우리 국방부장관과 해군참모총장은 2007년 10월 국정감사장에서 각각 "오는(2007년) 11월에 예정돼 있는 남북국방장관회담에서 NLL을 양보하거나 열어준다는 것은 있을 수 없는 일이다", "서해에서의 해상통제권을 대한민국 해군이 완벽하게 장악해 국민의 안전을 보장하겠다"고 말했다.

김장수 국방부장관은 2007년 11월 7일 서해 NLL 재설정 가능성과 관련, "NLL의 재설정은 있을 수 없는 일"이라고 재확인했다. 김 장관은 이날 로버트 게이츠 미국 국방장관과 제39차 한미연례안보협의회(SCM)를 마치고 가진 내·외신 공동기자회견에서 이같이 말했다. 그는 이어 "NLL은 유엔군사령관이 선포한 것"이라며 "현재 NLL은 우리의 해상경계선 역할을 하고 있다"고 강조했다. 김 장관은 "필요할 경우 남북기본합의서에 명시된 것처럼 다른 군사적 신뢰조치와 협의하는 과정에서 해상불가침 경계선에 대해 논의할 수 있다는 입장을 견지하고 남북국방장관회담에 임할 것"이라고 덧붙였다.[62]

제1차 남북총리회담이 2007년 11월 14일~16일간 서

---

62) 김국방 "NLL 재설정 있을 수 없어", 『연합뉴스』, 2007.11.7.

울에서 열렸다. 남북이 '2007 남북정상회담'의 주요 합의사항 가운데 하나인 서해평화협력특별지대 조성을 위한 협의 틀과 향후 일정에 대해 보다 구체적인 합의를 도출했다. 서해평화협력특별지대와 관련된 협력사업은 ▲ 공동어로수역과 평화수역 설정 ▲ 해주경제특구건설 ▲ 해주항 활용 ▲ 한강하구 공동이용 ▲ 민간 선박의 해주직항로 통과 등 5개다.

우리 정부는 남북국방장관회담(2007.11.27~29)에서 공동어로수역 설정 및 운영과 관련해 NLL을 중심으로 한 기존 '등거리·등면적 원칙'에는 융통성을 발휘하는 대신, 등면적 원칙만 지켜내는 묘안을 검토하고 있는 것으로 알려졌다. 이재정 통일부장관은 이날(2007.11.16) 브리핑을 통해 "서해평화협력추진위와 남북경협공동위는 상호 유기적으로 운영될 것"이라며 "군사 관련 부분은 국방장관회담을 통해 논의하게 될 것"이라고 말했다. 그는 또 "정상회담 합의내용을 지켜내야 할 책임이 남북 모두에게 있다"며 "이번 회담에서 북측 김영일 내각총리도 합의를 지켜내는 것이 양측의 의무라고 확인했다"고 밝혀 합의사항 이행에 대한 강한 자신감을 표시했다. 이같이 우리 정부가 서둘러 이 문제를 추진하는 것은 연말 대선(2007.12.18)을 통해 내년에 어떤 정부가 들어와도 남북정상회담 합의사항 및 후속합의를 조기에 착근(着根)시키려는 정부의 강력한 의지표현으로 해석된다. 그러나 남북의 이 같은 의지에도 불구하고 제2차 남북국방장관회담에서 논쟁의 불씨인 서해 NLL 문제가 복병으로 작용할 가능성은 여전히 남아있다.[63]

제2차 남북국방부장관 회담(김장수-북한 김일철)이 2007년 11월 27일~29일 평양에서 열렸다. 합의문(남북관계 발전과 평화번영을 위한 선언)의 제2항 "쌍방은 전쟁을 반대하고 불가침의무를 확고히 준수하기 위한 군사적 조치를 취하기로 하였다. ① 쌍방은 지금까지 관할하여 온 불가침경계선과 구역을 철저히 준수하기로 하였다. ② 쌍방은 해상불가침경계선 문제와 군사적 신뢰구축 조치를 남북군사공동위원회를 구성, 운영하여 협의, 해결해 나가기로 하였다". 제3항 "쌍방은 서해 해상에서 충돌을 방지하고 평화를 보장하기 위한 실제적인 대책을 취하기로 하였다. ① 쌍방은 서해 해상에서의 군사적 긴장을 완화하고 충돌을 방지하기 위해 공동어로구역과 평화수역을 설정하는 것이 절실하다는데 인식을 같이하고 이 문제

63) "동력얻은 서해특별지대.. NLL. 군사보장이 관건", 『연합뉴스』, 2007.11.16.

를 남북 장성급 군사회담에서 빠른 시일 안에 협의, 해결하기로 하였다. ③ 쌍방은 서해 해상에서의 충돌방지를 위한 군사적 신뢰보장 조치를 남북군사공동위원회에서 협의, 해결하기로 하였다"와 제5항 "쌍방은 남북교류협력 사업을 군사적으로 보장하기 위한 조치들을 취하기로 하였다. ② 쌍방은 '서해평화협력특별지대'에 대한 군사적 보장대책을 세워나가기로 하였다. 쌍방은 서해공동어로, 한강하구 공동이용 등 교류협력 사업에 대한 군사적 보장대책을 별도로 남북군사실무회담에서 최우선적으로 협의, 해결하기로 하였다. 쌍방은 북측 민간선박들이 해주항 직항을 허용하고, 이를 위해 항로대 설정과 통항절차를 포함한 군사적 보장조치를 취해 나가기로 하였다"고 명기했다. 이 합의로 인해 북한은 해상불가침 경계선 문제도 앞으로 논의가 가능한 것으로 해석할 수 있다.

그러나 우리에게 다행스러운 일이 생겼다. 남북 국방장관회담에서 서해평화지대 내 공동어로수역 설치를 위한 논의는 진전을 보지 못한 사실이다. 남측은 기존 해상경계선(NLL)을 기선으로 가급적 등거리(等距離)·등면적(等面積)으로 설정, 시범적으로 한 곳을 설정·운영하자는 입장이었으나 북측은 NLL 아래쪽을 평화수역으로 지정해 그곳에 공동어로수역을 만들자고 주장하면서 의견 접근에 실패했다. 그래서 양측은 추후 남북장성급군사회담에서 공동어로수역 문제를 협의하기로 한 것이다.[64)]

김장수 전 국방장관은 당시 회담에 대해 다음과 같이 회고했다. 김 전 장관은 2012년 10월 4일 중앙일보와의 통화에서 "당시 특별지대 공동어로수역의 전제조건은 해상경계선인 북방한계선(NLL)을 인정한다는 것이었다"며 "북한은 NLL보다 훨씬 남쪽으로 내려와 우리 영해상에 기준선을 제시했다"고 밝혔다. 또 "이는 북한이 NLL을 인정하지 않겠다는 뜻이어서 논의나 합의를 해줄 수 없었다"고 주장했다. 회담에서 합의를 이루려면 우리 측이 NLL을 양보해야 했다는 게 김 전 장관의 설명이다.[65)] 그리고 김 전 장관은 2012년 10월 8일 조선일보와의 전화통화에서 "당시 김일철 북한 인민무력부장이 '노무현 대통령도 서해 북방한계선(NLL)에 문제가 있다고 하는데 어떻게 국방장관이 그런 얘기를 하느냐' 고 언급했다"고 말했다. 김 전 장관은 "당시 회담에서 내가 북측이 NLL을 인정하면 공동어로수역을 논의할 수 있다는 입장을

64) "남북 국방장관 '경협 군사보장' 합의", 언론보도(2007.11.29, 평양공동취재단).

65) "국방장관 경직돼…" "문재인 발언에 김장수 발끈", 『중앙일보』, 2012.10.5.

고수하자 김일철이 그런 얘기를 했다"며 "김일철은 내가 입장을 바꾸지 않자 '노 대통령에게 직접 전화를 해보라'는 말도 몇 차례 했었다"고 당시 상황을 전했다. 김 전 장관은 김일철에게 "난 전권을 위임받고 왔는데 대통령에게 왜 전화를 하느냐"며 반박했다고 한다. 그는 "NLL은 (남한에서) 대통령도 마음대로 할 수 있는 선이 아니고 국민적 동의하에서만 움직일 수 있다"며 함부로 바꿀 수 없다는 점을 강조했다고 말했다.[66)]

또 다행스런 것은 정상회담과 국방장관회담 후속조치를 위해 급히 개최된 제7차 남북장성급회담(2007.12.12~14, 판문점 평화의 집)에서 남북이 공동어로수역 설정위치에 대한 의견이 맞지 않아 합의에 실패한 것이다. 여기서 우리는 NLL을 기선으로 동일한 면적으로 공동어로구역을 설정하자는 입장인 반면 북측은 NLL 아래쪽 해상을 평화수역으로 지정해 이곳에 공동어로수역을 설정하자고 주장하고 있다. 이와 관련, 북측단장(수석대표)인 김영철 중장(남측 소장급)은 전날 열린 회담 기조발언을 통해 "남측이 협소하게 공동어로수역을 설정하려한 데 비해 우리(북) 측은

66) "NLL 문제 있다는 盧대통령의 말 못들었느냐며 北인민무력부장이 2007년 국방장관회담때 공격", 『조선일보』, 2012.10.9.

그의 몇 십 배 되는 수역에서 통이 큰 협력교류를 실현하고 제3국 어선의 불법어로까지 완전히 저지시킬 것을 예견하고 있다"고 말했다. 이는 강령반도 지역 등에서 남쪽으로 12해리(약 22㎞) 떨어진 곳을 북측의 영해기선으로 인정하고 이 수역을 중심으로 공동어로수역을 설정해야 한다는 입장을 되풀이한 것으로 분석된다. 북측은 제2차 남북국방장관회담에서 NLL과 서해 12해리 영해기선 사이 해상을 평화수역으로 지정하고 이곳에 공동어로구역을 설정하자는 입장을 밝힌 바 있다.[67)]

NLL 사수의지를 강하게 밝힌 야당 대통령후보(이명박, 한나라당)가 2007년 12월 18일 대선에서 압도적인 지지(523만 표차)로 대통령에 당선되었다. 이명박 대통령은 대통령후보시절부터 NLL 문제에 대해 각별한 관심을 가졌다. 여론조사에서 앞서가던 이명박 대선후보는 2007년 11월 2일 해군작전사령부(진해)를 방문하여 "NLL에 대해서 여러 얘기가 있지만 통일이 될 때까지 지켜야한다. NLL을 확고히 막는 것이 충돌을 막고 평화를 지키는 것이다. NLL을 제대로 안 지킬 때 마찰의 위험이 있다"고 말했다.[68)]

67) "남북, 서해 공동어로구역 집중 협의(종합)", 『연합뉴스』, 2007.12.13.
68) 李 "NLL 통일될 때까지 지켜야", 『연합뉴스』 2007.11.3.

재향군인회 대선후보 초청 안보강연회(2007.11.8)에서 이명박 후보는 "둘째, 북한의 비핵화는 물론, 남북간의 군사적 신뢰구축과 긴장완화가 한반도 평화의 필요조건입니다. 저는 1992년 발효된 '남북기본합의서'를 바탕으로 한 한반도 긴장완화와 남북한 군사적 신뢰구축을 대북정책의 기본으로 삼겠습니다. 이는 북한이 NLL을 존중한다는 전제 하에서만 가능할 것입니다. 저는 NLL은 엄연한 불가침선이고 해상의 휴전선이라고 생각합니다. 서해교전에서 NLL을 지키다가 숨져간 우리 장병들의 이름을 잊어서는 안 될 것입니다. 참수리 고속정 357정의 고(故) 윤영하 소령, 故 한상국 중사, 故 조천형 중사, 故 서후원 중사, 故 황도현 중사, 그리고 故 박동혁 병장, 이들의 이름은 영원히 우리 국민의 가슴 속에 살아있을 것입니다. 저는 또한 NLL의 수호의지를 밝힌 국방부와 군 수뇌부의 결연한 의지를 신뢰하고 높이 평가하고 있습니다. 저는 지난(2007년) 11월 2일 진해 해군작전사령부를 방문했을 때 사령관으로부터 우리 바다에 대한 철저한 대비태세를 듣고 매우 믿음직했었습니다"라고 말했다.

이로 인해 참여 정부는 더 이상 공동어로수역 설정을 추진하지 못했다. 서해평화협력특별지대 남북추진위원회

제1차 회의[69]가 2007년 12월 28일~29일 개성에서 열렸으나 공동어로수역과 평화수역은 결론을 내지 못하고 추후 남북장성급회담에서 논의하기로 미뤘다. 결국 참여정부는 2008년 2월 25일 정권 만료까지 '서해평화협력지대'와 관련한 남북회담을 더 이상 열지 못했다. 이명박 정부(2008.2.25~2013.2.25)는 10 · 4선언의 문제점을 알고 더 이상 추진을 하지 않았다.

7. 정상회담 직후 안보단체의 NLL 사수 활동

가. NLL 사수결의 대회

■ [행사] **대한민국 사수(死守) 국민대회 및 NLL 死守 국민대회**

북한군에 유리하고 국군(國軍)엔 불리한 짓만 골라서 해온 당신의 주적(主敵)은 대한민국입니까? 그렇다면 우리는 당신을 반드시 법정에 세울 것입니다! 이제는 국민이 반역자들로부터 국군(國軍)을 지켜주어야 합니다!

오는 2007년 10월 24일 오후 2시 서울시청 광장에서 '대한민국 死守 국민대회', 11월 6일 오후 2시엔 같은 장

69) 남측 위원장은 대통령 비서실 통일외교안보정책실장이고 북측은 조선민주주의 인민공화국 국토환경보호상이다.

소에서 'NLL 死守 국민대회'가 열립니다! 이회창(李會昌) 前한나라당 총재가 특별연사로 나옵니다.

좌경이념의 소유자 노무현 대통령은 지난 5년간 헌법을 무시하고 국가정통성을 짓밟으면서 국가 공권력을 불법적으로 행사하여 적(敵)에는 이롭고 조국에는 불리한 정책만 골라가면서 밀어붙였다. 남은 임기 중 무슨 짓을 할지 모른다. 오죽하면 전직 대통령(김영삼)이 현직 대통령을 향하여 '영토를 독재자에게 상납하려는 비정상자'라고 규정했겠는가. 노무현 정권이 저지른 군사적 이적(利敵)행위 혐의만 뽑아보았다.

1. 휴전선상의 대북(對北)방송을 중단시켜 김정일의 골치덩어리를 제거하고 북한 군인들의 즐거움과 외부 정보원(源)을 없애버렸다.
2. 서해의 휴전선 NLL을 침범한 북한함정에 경고 사격한 군(軍)의 지휘부를 문책하였다.
3. 북한군의 위협이 증가하고 있는 때 일방적 감군(減軍)을 선언하고 사병복무기간을 단축했다.
4. 북핵(北核)문제가 해결되지 않았는데도 대북(對北) 퍼주기를 계속하여 김정일의 핵(核)무장과 군사력 증강을 지원했다.

5. 김정일이 핵(核)실험을 했는데도 한미(韓美)연합사 해체 계획을 강행했다.
6. 김정일 눈치를 봐가면서 군사훈련을 축소했다.
7. 군사력을 유지 강화하는 데 쓰이는 달러위조 등 북한의 국제범죄에 대해 미국이 단속에 나서자 이에 협조하지 않고 사실상 방해했다.
8. 평택 미군기지 이전을 반대하는 좌익들이 쇠파이프와 몽둥이로 무장하여 폭동을 일으켰는데도 국군을 무장해제 시킨 뒤 투입하여 얻어맞고 도망 다니게 함으로써 좌익을 편들고 군(軍)의 권위와 사기를 훼손시켰다.
9. 군대를 '인생 썩히는 곳', 헌법을 '그놈'이라고 매도하여 국군의 사기를 떨어뜨리고 국군이 충성을 바치는 대상을 경멸했다.
10. 북한이 거짓주장 해온 대로 NLL을 우리가 일방적으로 그은 것이라고 선동했다. 김정일과는 NLL을 사실상 허무는 합의를 했다.
11. 국군포로와 납북자 송환을 위한 노력을 일체 하지 않았다.
12. 평화협정을 맺을 때 북한정권이 6·25 남침에 대해서 사과할 필요가 없다는 취지의 말을 했다.
13. 김일성의 6·25 남침을 지원했고, 북진(北進)통일이

성사되기 직전에 중공군을 불법으로 들여보내 통일을 저지했으며 수많은 이산가족을 만들어냈던 한민족의 원수 모택동을 존경한다고 공언하면서도 6 · 25 전쟁 때 한국을 구해준 트루먼과 맥아더에 대해선 한 마디의 감사도 하지 않았다.

대한민국 만세, 국군 만세, 자유통일 만세!

2007년 10월 22일

국민행동본부

■ [행사] **NLL 사수(死守) 국민대회**

2007년 11월 6일 오후 2시 서울시청 광장에서 'NLL 死守 대회'가 열립니다. 이런 반역을 보고도 행동하지 않는 국민은 김정일의 노예가 되어 마땅합니다!

1. 노무현-김정일의 10 · 4선언은 '우리 민족끼리' 정신으로 대한민국의 생명선(NLL)을 자르겠답니다. 남북한 좌파정권이 합창하는 '우리 민족끼리'는 참뜻이 '우리 민족반역자끼리'란 뜻입니다. 이는 평화와 협력이란 이름으로 전쟁을 부르는 짓입니다.

2. 수도권 2,000만 명의 생명과 재산을 지키는 해상 휴전선 NLL을 허무는 것은 대한민국의 가슴과 목덜미를 주적(主敵)에게 내어주는 격입니다. NLL을 허물고 공동어로구역과 평화수역을 만들면 北傀(북괴)는 백령도 등 서해5도의 군사시설을 철수하라고 협박하여 인천 서울 등 대한민국 심장부에 대한 접근로를 열 것입니다.
3. NLL은 김대중과 노무현 정권이 저지른 이적(利敵)과 반역의 현장이었습니다. 그 역적 모의로 수십 명의 장병들이 죽고 다쳤습니다. 김대중 대통령은 군에 대해서 "먼저 발포하지 말라"는 지침을 내렸습니다. 이에 따라 우리 해군은 2002년 6월 29일 대포를 정조준 상태에 놓고 남침하는 북괴 함정을 보고도 사격하지 못하고 경고방송만 하다가 기습을 받아 격침되었던 것입니다. 우리 군은 이때 북괴(北傀)가 도발할 것이란 결정적 정보를 수집해놓고도 햇볕정책에 맞추어주기 위해 이 정보를 축소 은폐하였습니다. 노무현 정권은 2004년 7월 14일 남침한 북괴 함정에 경고 사격한 국군의 지휘부를 괴롭히더니 결국 국방부 장관과 정보본부장이 옷을 벗게 했습니다.
4. 김영삼(金泳三) 전(前) 대통령이 말한 대로 '비정상적인

대통령이 영토를 독재자에게 상납하려는 이적(利敵) 행위'가 공개적으로 벌어지고 있는데도 침묵하는 국민과 국군은 자유와 번영을 누릴 자격이 없습니다. 애국은 마음으로 하는 것이 아니고 지갑과 손발로 합니다! 국군을 응원하여 NLL 반역을 진압합시다.

대한민국 만세, 국군 만세, 자유통일 만세!

2007년 11월 1일

국민행동본부

■ **서해(西海) 5도를 지켜온 80만 해병대 전우들이 다시 일어났다!**

수도권 2,000만 명의 생명선 NLL을 적(敵)에게 넘겨주면 우리의 안보, 경제, 생활이 무너져 내린다! 생존투쟁 차원에서 일어나 이적(利敵)음모를 분쇄하자!

- NLL을 포기하면 우리 영토인 백령도, 대청도, 소청도, 연평도, 우도 등 서해 5개 도서를 포기하는 것이다. 이를 포기하면 북한군은 인천, 서울 등 수도권에 칼을 들이댈 것이다.
- NLL을 포기하면 NLL을 지켜내다 전사한 장병들의

영혼이 통곡한다. 우리들은 그들의 고귀한 희생을 헛되이 만들지 말자.

- NLL과 서해 5개 도서는 우리 해병대 전우들의 피, 땀, 눈물이 서린 곳이다. 평화수역, 공동어로구역이란 미명으로 안보의 둑을 허물려는 불순분자들의 모의에 속지말자. 우리는 죽기를 각오하고 싸울 것이다.

NLL 死守(사수) 결의대회

해병대 전우들이 우국충정으로 일어섰다.

대한민국 예비역 전우, 애국 시민들이시여! 우리 모두 합심하여 대한민국의 생명선 NLL을 지켜내는 데 앞장 섭시다.

- 일 시 : 2007년 11월 11일(일) 14:00
- 장 소 : 서울역 광장
- 연 사 : 공정식(前해병대사령관),
이상훈(前국방부장관),
황은태(서해교전 유족대표)
조갑제(조갑제닷컴 대표),
김성욱(기자/대한민국 적화보고서 저자)
- 사 회 : 안승춘
- 주 최 : 해병대전우회 중앙회 / 총재 김명환 前해병대사령관

나. 성명서 발표

■ **성우회 성명서** (2007.10.10)

NLL을 무력화하는 '서해 평화협력특별지대' 설치를 철회하라.

북핵 완전 폐기 및 군사적 신뢰 없는 선언을 절대 반대한다.

2007남북정상회담의 공동선언은 민족의 생존문제인 북한 핵(核)폐기를 합의하지 못한 채 북한의 요구만을 수용하여 국가정체성을 훼손하였으며 서해평화협력특별지대라는 기만적인 제의로 NLL의 무력화를 위장하고 무제한적 퍼주기 합의를 한 것이므로 우리는 절대 반대한다.

1. 북한의 연방제 통일방안을 받아들인 6 · 15 공동선언을 그대로 수용한 것은 자유 민주주의체제의 정체성을 상실하게 됨은 물론 우리사회에 안보 불감증과 남남갈등을 더욱 심화시킬 우려가 있어 우리는 이를 절대로 반대한다.
2. 이번 회담에서는 북한의 핵(核)폐기 약속을 분명히 받아냈어야 함에도 불구하고 기존의 9 · 19, 2 · 13

합의내용을 언급하는데 그쳤다. 북한 핵의 폐기가 전제되지 않은 평화체제 협상은 절대로 불가하다.

3. 평화체제 구축을 위해 3자 또는 4자 정상회의를 개최하여 종전선언을 한다는 합의는 그 이행에 앞서 북한 핵 완전폐기 및 군사적 신뢰구축이 반드시 확인되어야 한다.
4. NLL(서해 북방한계선)은 국가생존이 걸린 영토, 영해, 영공의 핵심방어구역이다. 그런데도 '서해평화협력특별지대'를 설치하는 것은 우리나라 안보의 빗장을 풀게 되는 기만적 방안이다. 남북기본합의서 제12조에 명시된 대량살상무기와 공격용 무기의 제거를 포함한 군사적 신뢰조성 및 군축실현과 반드시 연계해서 논의해야 한다.
5. 법률적 · 제도적 장치들을 정비해 나간다는 것은 곧바로 북한이 그들의 적화통일에 장애가 되는 국가보안법의 폐지를 합의하는 것이다. 자유 민주주의 체제를 지키기 위해서 통일이 될 때까지 반드시 이 국가보안법은 존치되어야 한다.
6. 전장에서 승리하는데 핵심요소인 군의 사기와 직결되는 국군포로 석방문제와 납북자 문제를 외면함으로써 이들의 송환을 간절히 바라는 가족들의 희망을 무참히

짓밟아버렸다. 정부는 남북의 신뢰조성과 긴장완화를 위해서도 이들의 송환을 위해 즉각 재협상할 것을 촉구한다.

7. 퍼주기식 경제지원 약속이행에는 천문학적인 예산이 소요될 것이므로 우리 국민들은 더 이상 감당하기 어렵다. 남북한 신뢰구축과 연계하여 단계적으로 접근할 것을 강력히 요구한다.
8. 결국 이번 선언은 '우리 민족끼리' 라는 시대착오적인 구호 때문에 한미동맹 강화에 차질을 초래하게 될 것이며, 북한이 우리에게 양보한 것은 하나도 없는 대신에 우리는 일방적으로 북한에 양보하고 퍼 주어야 할 내용으로만 가득 차 있다.

이번 남북공동선언에서 종전선언, 국가보안법 철폐, 연방제 통일방안의 수용, NLL 허물기 등 북한의 위장된 평화공세를 그대로 받아들여 우리의 국가정체성을 크게 훼손시켰다. 가장 중요한 북한의 핵 폐기 문제(핵무기, 핵물질)에 대해서는 언급조차 하지 못함으로써 국민들은 북한 핵무기를 머리에 이고 살아가게 되었고 또한 북한에 무조건 퍼주기를 약속함으로써 국민들이 감당하기 어려운 경제적 부담만을 떠안게 됐다. 정부는 세부 시행계획 및 추가협상을 서두르지 말고 먼저 국회와 국민의 동의를 받을 것을 강력히 촉구한다.

2007년 10월 10일

대한민국 성우회

국가의 안위를 걱정하는

대한민국 육 · 해 · 공군 · 해병대 예비역 장성들의 모임

■ **예비역 영관장교 연합회** (2007.10.12)

대통령의 NLL발언을 즉각 철회하고 국군에게 사과하라.

남북국방장관회담에 임하는 김장수 장관에게 바란다.

1. 서해북방한계선(NLL)이 영토선이 아니라고 한 대통령의 발언에 대하여 이를 목숨 바쳐 지켜온 우리들은 도저히 이해할 수 없기에 즉각 철회하고 국군에게 사과하기 바라며 다음과 같이 우리의 입장을 밝히는 바이다.

   첫째, 북방한계선(NLL)이 '영토선' 이 아니라면 왜 지금까지 국군이 목숨 바쳐 지켜오고 있는가, 앞으로는 이를 포기해도 된다는 말인가?

   둘째, 국군의 통수권자로서 북방한계선(NLL)이 '영

토선' 이 아니라는 발언으로 이를 지켜온 우리들은 명예와 자존심을 상실하게 되었으며 국민의 안보관이 흐려지고 국군의 대북 경계심의 해이를 초래케 되어 국군의 사기에 미치는 영향은 이루 말할 수 없게 되었다.

셋째, 다음 달 남북(南北)국방장관회담에 임하는 김장수 국방부장관은 사명감으로 소임을 다하여 서해 북방한계선(NLL)을 끝까지 지켜주기 바란다.

2. 서해북방한계선(NLL) 포기로 인하여 이후에 발생하는 모든 행위에 대하여 현실적, 역사적으로 그 책임을 면치 못할 것임을 명심하기 바란다.

2007년 10월 12일

대한민국 육 · 해 · 공군 · 해병대 예비역

영관장교 연합회회장 **권오강** 외 **회원일동**

■ 200여개 안보단체 공동 성명 (2007.10.17)[70)]

노무현 대통령은 서해 북방한계선을 무력화시키려는 발언을 즉각 취소하고 국민 앞에 엄중 사과하라!

국가안보를 위해 헌신해 온 예비역 장병 및 애국 · 시

70) 김세방, 『전시작전통제권 전환, 한미연합사 해체』 (서울: 도서출판 우리, 2007), pp.202-210.

민 · 사회단체의 전 회원들은 노무현 대통령이 2007년 10월 11일 정당대표 초청간담회에서 서해 북방한계선(NLL)과 관련하여 행한 발언에 대해 실로 충격과 경악을 금할 수 없다.

노 대통령은 이 자리에서 "NLL은 일방적으로 그은 선인데 이것을 오늘에 와서 '영토선' 이라고 얘기하는 사람도 있다. 이것은 국민을 오도하는 것이다"라고 말했다.

이러한 대통령의 말은 국토를 보위하는 국군통수권자로서 결코 있을 수 없는 영토포기나 다름없는 발언인 동시에 NLL을 지키려고 목숨을 바친 서해교전 전사자들의 죽음을 헛되게 만드는 것이다.

우리는 노 대통령이 이재정 통일부장관을 비롯한 일부 정부당국자들의 그릇된 주장을 옹호하고 국민여론을 오도하는 처사를 결코 좌시할 수 없다.

이에 우리는 노무현 대통령의 국가수호 의지에 대한 의구심을 금치 못하면서, NLL에 대한 왜곡된 사실 인식으로 국민을 오도하는 것을 더 이상 묵과할 수 없기 때문에 NLL수호를 위한 전(全) 예비역 장병 및 애국 · 시민 · 사회단체 회원들의 단호한 결의를 아래와 같이 천명하고자 한다.

ㅇ NLL은 남북 간의 해상경계선이다.

NLL은 1953년 8월 30일 정전협정의 안정적 관리를 위해 클라크 유엔군사령관에 의해 선포된 선으로서 지난 50여 년간 남 · 북간에 지켜온 실질적인 해상경계선이다.

유엔군이 NLL을 설정한 것은 휴전 후 한반도 해역에서 남북 간에 일어날 수 있는 우발적인 무력충돌을 예방하고 북한이 우려하고 있던 해상봉쇄로부터 그들의 숨통을 터주기 위한 것이었다. 이것은 북한을 위해 특별히 배려한 조치였기 때문에 북한으로서는 대단히 고마움을 느껴야할 선이었다. 그런 차원에서 북한도 NLL 설정 이후 수십 년간 이를 사실상 인정해 왔던 것이다.

북한은 1959년에 발간된 조선 중앙연감에 NLL을 표기했고, 1963년 유엔사가 북한의 간첩선을 격퇴한 지점이 NLL 이남지역이었다고 지적한 데 대해 북한은 NLL 이북지역이었다고 주장함으로써 사실상 NLL을 인정한 바 있다. 또한 1993년 국제민간항공기구의 항해계획에서 NLL에 준해 조정된 한국의 비행정보구역 결정에 대하여 이의를 제기하지 않았다. NLL은 북한이 1973년 서해사태 도발 때까지 20여 년간 아무런 이의를 제기함이 없이 묵종해 왔기 때문에 국제법적으로도 해상경계선으

〈그림8〉 서해NLL 사수 결의대회

로 당연히 효력이 있다.

이러한 사실을 종합해 볼 때, NLL은 남북 간의 해상 경계선이며, 대한민국의 주권이 실효적으로 지배하고 있는 영토이다.

ㅇ NLL을 양보하는 것은 바로 서해 영토를 북한에 넘겨주는 것과 같은 것이다.

만일 우리가 NLL을 사수하지 못한다면 백령도를 비롯한 서해 5개 도서의 주변해역이 북한으로부터 직접적인 위협을 받게 되고 북한의 해 · 공군에 의해 완전히 봉쇄될 수 있게 된다. 또한 우리는 수도권 서측해역에 대한 해상통제권을 상실하게 됨으로써 우리나라 심장부인 수도권에 대한 방어가 사실상 불가능해 진다.

그리고 NLL은 인천 및 김포반도의 안전을 지키는 데 가장 중요한 핵심해역이다. 만약 북한이 이곳을 자유롭게 이용할 경우에는 우리의 군(軍) 해상작전에 필수적으로 요구되는 방어종심이 없어지게 된다. 평시에도 북한 함정에 탑재된 휴대용 지대공유도탄에 의해 인천공항을 이 · 착륙하는 민간항공기가 피습될 수도 있다.

따라서 NLL과 그 이남 해역은 우리국가의 생존이 걸린 핵심 해상방어구역이다. 서해5도를 포함한 인천 옹진군 주민들에게는 NLL은 바로 '생존선' 인 것이다. 그러므로 북한이 무력도발을 완전히 포기하고 남북 간에 군사적 신뢰와 긴장완화가 정착된 후 국민적 합의 하에 이 문제를 논의할 수 있을 때까지는 우리나라 안보의 사활이 걸린 해상경계선으로서 반드시 지켜야 하는 것이다.

○ 서해 평화협력특별지대를 설치하겠다는 구상은 사실상 NLL을 허물기 위한 술책에 불과하다.

정부는 서해평화협력특별지대를 개발하는 것에 대해 공동어로구역 및 평화수역 설정, 경제특구건설과 해주항 활용, 민간선박의 해주 직항로 통과 그리고 한강하구 공동이용 등을 중심으로 해주지역과 주변 해역에 대한 평화와 번영을 견인하는 사업을 포괄적으로 추진하는 구상이라고 설명하고 있다.

그러나 공동어로구역을 설정하게 되면 어떤 형태로든 우리가 서북 도서와 수도권의 서측 해역을 방어하는데 있어 필수적인 NLL의 군사적 고유기능이 전면 손상될 수밖에 없게 되는 것이다. 또한 남북 간의 우발적인 충돌이나 북한의 군사도발을 사전에 억제할 수 없기 때문에 서해상에서의 군사적 긴장은 더욱 고조될 수 있음을 간과할 수 없다.

서해 평화협력특별지대를 설치하는 것은 남북 간에 상호평화와 경제협력을 통한 '윈-윈 계획'이라고 설명하고 있지만, 이는 실질적으로 NLL을 무력화시키려는 의도를 은폐하고 있는 것으로 볼 수밖에 없다. 안정된 경제협력이라는 미명 하에 실효적인 영토까지 양보할 수는 없는 것이다. 그러므로 서해 평화협력특별지대를 설치하겠다는 것은 막대한 대북 경제지원과 함께 우리의 서해 영토를 북한에게 넘겨주는 행위가 될 수 있음을 명심해야 할 것이다.

○ NLL에 관한 북한의 주장은 서해영토를 강점하려는 저의가 숨겨져 있다.

1999년 6월 연평해전을 도발한 북한이 NLL은 무효라고 주장하면서 서해 해상군사분계선을 선포하는 한편, 이 수역에 대한 자위권을 행사할 것이라고 주장하였다. 그러나 NLL은 그 동안 남·북간의 해상 충돌을 막고 한반도에서의 안정과 평화를 보장하는 중요한 역할을 해왔고 북한 역시 의도적인 월선 도발을 빈번히 자행하면서도 지금까지 이 선을 지켜왔다.

사실 NLL문제는 1992년에 체결된 「남북기본합의서 및 불가침 부속합의서」를 통해 일단락된 것이다. 북한은 남북 불가침의 이행과 준수를 위한 부속합의서 제10조에서 "남과 북의 해상불가침 경계선은 앞으로 계속 협의한다. 해상 불가침 구역은 해상 불가침 경계선이 확정될 때까지 쌍방이 지금까지 관할하여 온 구역으로 한다"라고 합의하였다. 따라서 NLL에 관한 논의는 아무 때나 하는 것이 아니라 반드시 군사적 신뢰구축과 긴장완화가 가시적으로 실현될 때 비로소 가능한 것임을 밝혀 두는 바이다.

○ 우리는 2002년 6월 29일을 결코 잊을 수가 없다.

이 날은 북한해군이 우리해군의 PKM-357 참수리정

을 무참하게 기습 공격하여 우리 해군 장병 6명이 고귀한 목숨을 바쳐 장렬하게 전사하고 19명이 부상을 당한 가슴 아픈 날이다. 이들 25명의 용감한 해군장병들은 언제 어디서나 국민의 생명과 재산을 보호하는 투철한 군인정신과 국가보위에 대한 사명감을 가지고 끝까지 NLL을 지켜냈다. 그 후 우리해군 장병들은 순국용사들의 숭고한 희생을 되새기며 오늘도 NLL을 굳게 지키고 있다.

만일 NLL이 해상경계선이 아니고 우리의 영해가 아니었다면 당시에 희생된 우리해군 장병들은 왜 소중한 목숨을 바쳤겠는가? 서해교전의 전사 장병들과 유족들을 포함한 모든 국민들의 아픔이 아직도 생생한 데 북한에게 한 마디 사과도 요구하지 않고서 우리해군 장병들이 목숨으로 지켜낸 NLL문제를 논의한다는 것은 그들의 희생을 무참하게 저버리는 일이다.

이러한 명명백백한 사실을 두고도 국군통수권자인 대통령이 앞장서서 왜 NLL을 무력화하고 국군장병들의 사기를 저하시키는 억지 논리를 펴는지를 우리는 결코 이해할 수 없다. 노 대통령은 '국민을 오도하면 여간해서는 풀 수 없는 문제가 될 것' 이라고 말했다. 그러나 국민을 오도하고 있는 것은 오히려 국가보위의 책임을 망각하고 NLL이 '지킬 필요가 없는 선' 이라는 식으로 발언한 노 대통령 자신이라고 우리는 판단하고 있다. '자주'라는 명분으로 한미동맹의 핵심인 한미연합사를 해체한 노무현 정부가 이번에는 '평화' 라는 이름으로 서해영토를 북한에 넘기려고 하는 것은 분명히 훗날 준엄한 역사의 심판을 받게 될 것임을 엄중히 경고하는 바이다.

그러므로 우리는 노무현 대통령에게 다음의 사항들을 즉각 이행해 줄 것을 요구한다.

하나, 노무현 대통령은 NLL이 우리의 영토선임을 부정하고 사실을 왜곡하여 국민을 오도한 2007년 10월 11일의 발언을 즉각 취소하고 국민 앞에 엄중 사과하라.

하나, 노무현 대통령은 NLL 무력화 시도를 계속하는 진정한 이유가 어디에 있는지를 밝혀라. 혹시 이번 남북정상회담에서 북한 김정일과 이 문제에 대한 어떤 이면합의가 있었는지에 대해 솔직하게 국민 앞에 밝혀라. 우리는 이번 남북정상회담에서 서해평화협력특별지대 설치를 합의한 것은 결국 NLL 재설정을 전제로 한 일종의 '트로이 목마' 가 아닌가 하는 의구심을 가지고 있다.

하나, 노무현 대통령은 우리의 안보에 필수적인 NLL 수역을 북한이 강점할 수도 있게 하는 서해평화협력특별지대 개발계획을 즉각 취소하라.

하나, 노무현 대통령은 2007년 11월의 평양 국방장관 회담계획을 즉각 취소하라. 북한이 노 대통령의 발언을 빌미로 하여 전보다 더 집요하게 NLL 재설정문제에 대한 공세를 펼칠 것이 뻔한 상황에서 이런 회담은 할 필요가 없다.

우리는 이상의 요구사항이 관철되지 않을 경우에는 국가보위와 국토수호를 위한 무제한 투쟁을 전개해 나갈 것임을 엄숙히 경고한다.

존경하는 국민 여러분!

우리나라 안보의 사활선인 NLL을 어떤 경우에도 지켜야 합니다. 이를 정치적 협상의 대상으로 삼아 허물어 버려서는 결코 아니 됩니다. 국가와 영토 수호라는 헌법상의 책무를 지고 있는 노 대통령이 지난 수십 년간 지켜온 우리의 실효적인 영토를 내달라는 북한의 NLL 재설정 요구에 맞장구를 치는 듯한 발언을 하고 있습니다.

국민 여러분들께서는 이때 만일 우리가 NLL을 사수하지 못하면 우리나라 안보에 어떤 영향을 미칠 것인가에 대하여 분명한 인식을 가지셔야 합니다. 국가안보를 위해 헌신해 온 저희들이 국가보위를 위한 지극한 충정으로 드리는 말씀을 충분히 이해해 주시고 NLL을 수호하는데 적극 동참해 주실 것을 간곡하게 부탁 말씀 드립니다.

2007년 10월 17일

역대 국방장관, 합참의장, 한미연합사부사령관, 각 군 참모총장, 해병대사령관을 포함한 전 예비역 장성 및 장병, 역대 경찰총수, 대한민국재향군인회, 대한민국성우회, 북핵 반대 · 연합사 해체반대 서명추진본부 및 범국민구국협의회 가입단체를 비롯한 200여 개 안보단체 일동.

■ 참고자료

아래 글은 2007년 10월 17일 '대통령 NLL발언 규탄' 대국민 성명서 발표회(재향군인회/성우회 주관, 서울잠실 향군회관)에서 서해교전(제2연평해전) 유가족 대표로 나온 윤두호氏가 노무현 대통령에게 보낸 호소문입니다.[71]

윤씨는 2002년 6월 29일 NLL 근해에서 적(敵)해군과 교전을 벌이다 전사한 해군 참수리357정 정장 고(故) 윤영하 소령의 부친입니다. 〈편집자〉

2007년 10월 11일 "서해 북방한계선(NLL)은 영토선이 아니다"라는 노무현 대통령의 발언을 듣고 우리 서해교전 전사자 유가족들은 한동안 우리 귀를 의심하지 않을 수 없었습니다. 너무나 황당한 발언에 커다란 충격과 당혹스러움을 감출 수 없어 그저 멍하니 하늘만 바라보았습니다.

그렇지 않아도 서해교전과 전사자에 대한 정부의 싸늘한 홀대에 유가족들의 가슴은 천 갈래 만 갈래 찢어지건만, 위로는 못할망정 또다시 아픈 상처를 건드리고 있으니, 대체 우리 아들들은 누구를 위하여 무엇을 지키려고 그렇게 허망하게 죽어야 했습니까? NLL이 영토선이

---

71) konas.net (안보뉴스, 2007.10.17), "대통령님, 서해교전 유족들의 피눈물은 아직도 마르지 않았습니다".

아니라면 왜 그토록 고귀한 생명들이 치열한 교전 속에서 그렇게 사라져야 했습니까? 왜 지금도 이 땅의 젊은 이들이 목숨을 걸고 불철주야 망망대해를 지키고 있는 것입니까? 조국을 위해 목숨을 바친 자랑스런 아들을 둔 아버지였음에도 그동안 침묵해야만 했던 한(恨)많은 아버지가 더 이상은 섭섭함과 분노를 참을 수 없어 노무현 대통령에게 외칩니다. "아무리 권력자라도 국민다수가 옳다고 생각하는 대로 따라야 하는 것 아닙니까?"

제발 더 이상은 엄숙하고 거룩한 조국의 부름 앞에 순결한 청춘의 피를 뿌린 우리의 아들들에게 불명예와 오욕을 안기지 말아주십시오. 그리고 기억하십시오. 우리 유가족들의 피눈물은 아직도 마르지 않았음을...

2007. 10. 17(수)

고(故) 윤영하 소령 아비 윤두호

제4장
대비책

제 4 장

대 비 책

북한은 우리 정부의 남북공동어로수역 설정 제의를 악용하고 있음이 확인되었다. 북한은 현재의 NLL을 무효화하고 해상군사분계선을 NLL 남쪽에 재설정하자고 우기고 있다. 결코 받아드릴 수 없다. 그동안 우리 군은 해상휴전선인 NLL을 지키기 위해 많은 대가를 치렀다. 가까이는 2010년 3월의 천안함 피격사건으로 부터 2002년 제2연평해전의 참수리-357정 침몰, 1970년 연평도 근해 해군 보조정-적(敵) 경비정 교전 · 피랍, 1967년 당포함-적(敵)해안포와 교전 · 침몰이다. 우리는 함정 4척을 잃고 장병 100여 명이 전사했다. NLL을 조금이라도 양보하면 대한민국을 지킬 수가 없기 때문이다. 그래서 우리 해군장병은 함교(艦橋)와 조타실(操舵室)에 걸린 '전우가 사수한 NLL, 우리가 지킨다!' 란 표어를 가슴에

품고 근무하고 있다. 따라서 우리 군이 과거와 같이 NLL을 잘 지킬 수 있도록 우리 정부가 대비책을 마련해 주어야 한다.

1. 우리 정부는 NLL 사수를 선포해야 한다.

노무현 대통령의 NLL포기발언 유무에 관계없이 북한은 우리 측이 제2차 남북정상회담에서 NLL을 포기한 것으로 주장하고 있어 이에 대한 대처가 불가피하다. 마침 우리 여야 정치권이 한 목소리로 'NLL 사수'를 강조했다.

새누리당 황우여 대표는 2013년 6월 28일 고(故) 노무현 전 대통령의 2007년 남북정상회담 대화록 공개로 불거진 '서해 북방한계선(NLL) 포기' 논란에 대해 "우리 영토에 대한 확고한 의지를 담는 여야 공동선언문을 만들어 국민 앞에 상신하자"고 말했다. 황 대표는 이날 여의도 당사에서 긴급 기자회견을 열어 "여야 한목소리로 NLL 수호 의지가 변함없음을 국민 앞에 밝히면 북한도 이 문제를 갖고 무슨 합의가 있었다는 이야기를 못하고 여러 가지 긴 말이 정리가 될 것"이라면서 이같이 밝혔다. 황 대표는 "NLL은 더는 외교가 아니라 영토주권에 대한 문제"라면서 "영토선이 걸린 국가 존립과 생존의 문제이니 여야 총의를 시급히 모을 것을 제안한다"고 설명했다. 황 대표는 "선언문 채택은 국론을 통합하고 국기를 바로잡는 동시에 역사적 진실에 대한 우리의 입장을 밝히고, 반성하는 계기가 될 것"이라고 강조했다.

민주당 지도부는 2013년 7월 26일 경기도 평택 해군 2함대를 방문, 서해 북방한계선(NLL) 사수 의지를 거듭 밝히면서 NLL논란의 영구적인 종식을 선언할 것을 새누리당에 제안했다. 김한길 대표는 '우리의 NLL도 수많은 젊은이들이 피로 지키고, 죽음으로 지킨 곳이라는 것을 잊지 말아야 한다'는 박근혜 대통령의 발언을 환기하며 "바로 민주당이 집권했던 당시 우리의 용감하고 꽃다운 젊은이들의 피와 죽음을 바치면서까지 서해 NLL을 지켜냈다"고 밝혔다. 그러면서 "지금도, 미래에도 NLL을 사수하는데 앞장설 것"이라고 약속했다.

그래서 국회에서 선언문을 채택하고 이를 근거로 정부는 'NLL을 사수. 정치적으로 NLL을 이용하지 않을 것임. NLL을 남북간 협의의제로 하지 않을 것임'을 선포하면 될 것이다.

2. 남북 합의서를 정리해야 한다.

우리 정부는 남북기본합의서, 10 · 4선언, 2차 남북국방장관회담 합의문 등을 폐기해야 한다. 그 이유는 이렇다. 북한인민군 총참모부 대변인은 2009년 1월 17일 장문의 성명을 통해 "3. 우리의 성의 있는 조치와 아량을 무시하고 조선서해 우리 측 영해에 대한 침범행위가 계속되는 한 우리 혁명적 무장력은 이미 세상에 선포한 서해 해상군사분계선을 그대로 고수하게 될 것임을 명백히 밝힌다. 조국이 통일되는 그날까지 조선 서해에는 불법무법의 '북방한계선(NLL)'이 아니라 오직 우리가 설정한 해상군사분계선만이 존재하게 될 것이다"라고 발표했다. 북한 조평통는 2009년 1월 30일 성명을 통해 "첫째, 북남사이의 정치군사적 대결상태 해소와 관련한 모든 합의사항들을 무효화한다.[72] 둘째, '북남 사이의 화해와 불가침 및 협력, 교류에 관한 합의서'와 그 부속합의서에 있는 서해 해상군사경계선에 관한 조항들을 폐기한다"고 발표했다. 조선인민군 판문점 대표부는 2009년 5월 27일 성명을 통해 "3. 당면하여 조선서해 우리의 서북쪽 영해에 있는 남측 5개 섬(백령도, 대청도, 소청도, 연평도, 우도)의 법적지위와 그 주변에서

72) 당시 우리 정부는 38개 합의서가 해당된다고 분석했다.

활동하는 미제침략군과 괴뢰해군함선 및 일반 선박들의 안전항해를 담보할 수 없게 될 것이다"라고 발표했다.

북한의 천안함 폭침(2010.3.26)은 남북 간 불가침선언을 위반한 것이다. 그리고 천안함이 기습당한 해역은 NLL이남 백령도 영해 내이다. 평시에 함정을 어뢰로 기습한 것은 전사에도 유례가 없는 잔악한 전쟁도발 행위다. 유엔헌장, 정전협정과 남북합의서를 모두 위반했다. 북한은 아직까지 사과는 커녕 "한국 정부의 자작극"이라고 주장하고 있다. 그리고 북한의 연평도 포격(2010.11.23)은 서해5도 법적지위를 부정한 것이다. 남북 간 불가침선언, 국제법, 정전협정과 남북합의서를 모두 위반했다. 민간인 거주지역을 무차별 포격한 것은 전쟁법 위반이다. 북한은 아직도 사과를 하지 않고 있다. 당일 우리 연평부대가 오전에 사격 훈련한 해역은 NLL이남 우리 측 수역으로 북한이 이를 핑계 삼은 것은 NLL을 인정하지 않겠다는 의도다.

10 · 4선언의 주요 내용은 "3. ...... 남과 북은 서로 적대시하지 않고 군사적 긴장을 완화하며 분쟁문제들을 대화와 협상을 통하여 해결하기로 하였다. 남과 북은 한반도에서 어떤 전쟁도 반대하며 불가침의무를 확고히 준수하기로 하였다"라고 합의했다. 제2차 남북국방장관회

담 합의문에 "2. 쌍방은 전쟁을 반대하고 불가침의무를 확고히 준수하기 위한 군사적 조치를 취하기로 하였다. ① 쌍방은 지금까지 관할하여 온 불가침경계선과 구역을 철저히 준수하기로 하였다"고 약속했다. 북한은 이를 모두 위반한 것이다.

그리고 북한 조평통은 2013년 3월 8일 성명을 내고 판문점 남북직통전화를 단절하고, "무력불사용, 우발적 군사적 충돌방지, 분쟁의 평화적 해결, 불가침경계선문제 등 북남불가침 합의들은 유명무실해 졌다"면서 "북남 사이의 불가침에 관한 모든 합의를 전면 폐기한다"고 밝혔다. 그러면서 북한은 자기들이 이미 폐기한 합의서를 거론하여 남남갈등을 부추기고 있다. 북한 노동신문은 2013년 8월 9일과 10일에 2000년 6 · 15 공동선언과 2007년 10 · 4 선언을 거론하면서 "이런 선언들을 외면하면서 관계개선을 운운하는 것은 어불성설"이라며 "시대착오적인 대결 관념에 사로잡혀 동족을 적대시하고 남북관계 개선에 장애를 조성하는 것은 용납 못할 민족 반역 행위"라고 주장하고 있다.[73] 북한은 매년 6월이 되면

73) 한 · 미, 19~30일 UFG 연습 … 북한에도 통보 북 노동신문, 개성공단 7차 회담 앞두고 "남북관계 개선" 강조, 『중앙선데이』, 2013.8.11.

6 · 15공동선언을 기념하는 남북공동행사를 개성이나 금강산에서 열자고 제의하고 있다.

3. 서해5도와 주변해역에 군사수역을 설정해야 한다.

서해5도와 NLL 이남을 포함하는 일정 구역으로 설정하면 된다. 이 구역을 출입하는 함선(함정과 선박)과 항공기는 우리 정부의 사전 허락을 받아야 한다. 그렇지 않은 함선과 항공기는 공격을 받을 수 있다. 따라서 북한 전력의 고의적인 침범은 물론 중국어선의 불법조업을 원천적으로 막을 수 있다.

설정을 서둘러야 하는 이유는 다음과 같다. 북한이 2007년 남북정상회담 이후 서해5도 탈취야욕을 실행에 옮기고 있다. 북한은 2009년에 '서해NLL 무효화 선언, 서해5도의 법적지위 부정, 서해5도 근해 함선 안전 미(未)보장' 을 선언한 상태다. 2010년의 천안함 폭침과 연평도 포격은 서해5도 무력점령을 위한 총 예행연습으로 볼 수 있다. 서해5도를 지키는 함정을 어뢰로 격침하여 공기부양정 기습상륙이 가능한지 시험한 것이고, 연평도 포격은 피해정도와 정확도를 확인한 것이다. 1시간 후 재

(再)포격까지 하면서 정확도를 확인했다. 김정은은 2012년과 2013년에 서해5도 인근의 무도, 장재도, 월내도 기지를 방문하고 "서해5도를 벌초해버려라"고 폭언했다. 이후 이들 섬에서는 122㎜ 방사포가 배치되고 있다. 이제 북한의 무력위협으로 부터 서해5도와 우리 함정을 보호할 제도적 장치가 필요하다.

북한은 2010년 5월 27일에 남북 해군함정 간의 무선통신망, 중국어선 NLL근해 조업 정보교환망을 일방적으로 폐쇄했다. 이제 우리 해군은 북한 함정의 NLL 침범 시 경고할 수단이 없다. 우리의 합리적인 교전규칙(경고방송-경고사격-격파사격)을 더 이상 적용할 수가 없게 되었다. 따라서 남북함정 간 무력충돌이 발생할 개연성이 한층 높아졌다.

그리고 북한은 1999년과 2000년에 일방적으로 '조선서해 해상군사분계선'을 설정하고 '서해 5개 섬 통항질서'를 주장한 바 있다. 당시 북한은 '북한주장 해상분계선' 이북 수역을 '해상 군사통제수역'으로 명기하고 자위권 행사를 분명히 했다. 김정일은 2007년 남북정상회담에서 이 선(線)의 실체를 수차례 언급했다. 북한은 이와는 별도로 동·서 해안에 50해리(92㎞) 해상군사수역을 1977년 8월 1일부터 추가로 운용하고 있다.

우리가 군사수역을 설정하면 해상작전에 유용하다. 우선 북한 전력이 이곳에 접근할 경우 우리 현장지휘관은 아군(우군)으로 식별되지 않으면 즉각 자위권을 행사할 수 있다. 그래야 기습을 당하지 않는다. 특히 수중에 접촉된 잠수함정은 부상(浮上)하기 전에는 국적 식별이 불가능하다. 군사수역을 설정하면 제3국 잠수함(중국 등)에 대한 오인공격(誤認攻擊)을 예방할 수 있다.

4. 해군 전력을 증강해야 한다.

NLL은 60년간 힘으로 지켜온 해상군사분계선이다. 그런데 최근 북한의 공격 전력이 많이 증강되고 있다. 북한은 2005년부터 신형 잠수함정(400톤 상어급 잠수함, 130톤 연어급 잠수정)을 개발하여 동·서해 전방기지에 배치했다. 천안함 폭침(2010.3)에 성공한 이후 연간 20척을 건조하고 있다. 북한은 고암포(백령도 북방 50㎞)에 공기부양정 기지(60여 척 수용)를 2011년 6월에 건설함에 따라 강화도-인천-태안반도까지 상륙작전이 가능해졌다. 따라서 우리는 이들의 침투를 차단하기 위해서 NLL경비를 강화해야 한다.

서해 접적해역(NLL과 서해5도 근해)에는 우발사태에 대비하여 함정 5척과 고속정 13척이, 동해(NLL)에는 함정 3척과 고속정 6척이 레이더 기지와 연계하여 20해리 외곽 경비를 하고 있다.[74)]

NLL 배치 함정은 북한수역에 근접하여 활동함에 따라 대함(對艦)/대잠(對潛)/대공전(對空戰) 능력을 갖춘 3천톤급(경하톤수) 이상 구축함이 필요하다. 8척 상시 배치를 위해서는 24척 보유가 필요하다. 1척을 해상경비에 투입하기 위해서는 작전배치, 수리/정비, 교육/훈련의 운용개념에 따라 3척을 보유해야 한다. 그러나 이곳에 배치 가용함정은 총 6척이다.[75)]

우리 해군은 사면초가(四面楚歌)의 해상안보 위협 하에 놓여있다. 병력도 부족하고 장비도 열악하다. 병력 4만여 명에 함정 170여 척과 헬기 50여 대(해상초계기 포함)를 보유하고 있다. 전투함정 120여 척, 상륙함정 10여 척, 기뢰전 함정 10여 척, 지원함정 20여 척, 잠수함정 10여 척이다. 전투함 대부분은 소형 고속정(PKG, PKM)

---

74) 유용원 군사세계-토론방-국정감사자료실, 해양경찰청 국정감사 질의 〈신영수〉, 2009.10.19 참조.

75) 해군은 구축함 총 12척(이지스함 3척 포함)을 보유하고 있다. 그러나 청해부대(소말리아 해역)에 1척을 보내고 이지스함은 임무특성상 전방해역에 배치할 수 없다.

이다. 주력경비함인 초계함(PCC)과 호위함(FF)은 대잠/대공능력이 부족하다. 이런 전력으로 동 · 서해 NLL과 서해5도, 작전구역(AO)과 해상교통로를 지키고 소말리아해역까지 함정을 파견하고 있다.

그런데 북한 해군은 병력 6만여 명에 함정 800여 척을 보유하고 있다. 전투함정 420여 척, 상륙함정 260여 척, 기뢰전 함정 30여 척, 지원함정 30여 척이고 잠수함정은 70여 척이다.[76] 특히 수중전력(水中戰力)과 기습 상륙능력은 우리에 비해 크게 우수한 것으로 평가받고 있다. 북한 해군이 방어하는 해역은 동 · 서해 NLL, 상대적으로 짧은 해안선과 2면의 바다뿐이다. 따라서 우리 해군은 북한 해상도발을 억제하고 기본임무 수행을 위해서 최소한 병력 8만여 명과 350척 수준은 되어야 한다.[77]

5. 천안함 폭침에 대해 응징해야 한다.

이명박 대통령은 2010년 5월 24일 천안함 사태 대(對)국민 담화문에서 "천안함은 북한의 기습적인 어뢰 공격에 의해 침몰되었다. 대한민국을 공격한 북한의 군사

---

76) 국방부, 『2012국방백서』.
77) 김성만, 『천안함과 연평도』 (서울: 상지피앤아이, 2011), p.262.

도발이다. 북한은 유엔헌장을 위반하고, 정전협정, 남북 기본합의서 등 한반도의 평화와 안정을 위한 기존 합의를 깨뜨렸다. 북한은 대한민국과 국제사회 앞에 사과하고, 이번 사건 관련자들을 즉각 처벌해야 한다. 이것은 북한이 우선적으로 취해야할 기본적 책무다"라고 선언했다. 그런데 북한은 도발에 대한 인정도, 사과도 하지 않았고 재발방지도 약속하지 않고 있다. 오히려 '남한의 자작극'이라고 우기고 있다. 이런 상황에서 우리 정부는 북한의 사과만을 마냥 기다리고 있다. 이렇게 해도 되는가? 아니다. 그동안 충분히 참았다. 이제 대통령의 대북 요구를 실행에 옮겨야 한다. 우리 정부는 북한에게 사과 등을 해야 할 시한(時限)을 정해주어야 한다. 시한 이후에는 국방부장관이 2010년 5월 24일에 약속한 대로 군사적 · 비군사적 조치를 시행해야 한다. 조치에는 북한 잠수함정/수상함 격침, 대북(對北) 심리전 재개(전광판 · 확성기 등), 도발책임자(김정일, 김정은, 이영호, 김영철) 한국 법정에서 처벌 등이 포함되어야 할 것이다. 특히 대북심리전은 김정은 정권의 붕괴를 정조준해야 한다. 그래야 굴복을 받아낼 수 있다. 만약 이런 조치 없이 시간만 보낼 경우 대한민국과 국군은 정체성을 상실하게 될 것이다. 즉 대한민국은 어뢰 공격으로 자국 군함이 격침되어도 상응하는 군사적 조치를 취하지 않는 나라로 간주(看做)될 것이다. 이런 평가는 독도와 이어도 방어 등에 나쁜 선례(先例)가 된다.

6. 대북정책 추진에 신중해야 한다.

우리 정부가 대북지원과 남북정상회담을 추진할 경우 북한은 대남 도발을 해오고 있다. 이것은 1972년 7·4남북공동성명이후 일관성을 가진 북한의 대남전략이다. 우리 정부로부터 보다 많은 양보를 받아내기 위한 전술이고 회담파탄의 책임을 전가하는 술책이다. 이명박 정부에서의 대청해전 도발(2009.11), 천안함 폭침(2010.3)과 연평도 포격(2010.11)도 같은 흐름으로 볼 수 있다. 북한 노동당 김기남 비서가 2009년 8월 하순에 청와대를 방문하여 이명박 대통령에게 김정일의 정상회담 추진의사를 전달했다. 이에 따라 우리 노동부장관과 북한 통일전선부장이 2009년 10월 17일~18일 싱가포르에서 회담을 갖고 2009년 특정일에 정상회담을 갖기로 기본합의까지 했다. 북한은 2009년 11월 10일 대청해전을 도발했다. 우리 정부는 천안함 피격 2개월 전인 2010년 1월 말에 '금년 중 남북정상회담 성사가능성' 에 자신감을 피력했다. 그리고 북한은 연평도 포격 4개월 전인 2010년 7월에 우리 정부에 정상회담을 또 타진한 것으로 알려졌다.

제2연평해전(2002.6.29) 도발도 같다. 우리 정부가 제2차 남북정상회담을 추진하고 있었기 때문이다. 임동원 대통령 특사가 2002년 4월 3일~6일 평양을 방문했다. 우리 대표단은 김정일과의 회담에서 '제2차 남북정상회담과 국방장관회담 개최, 개성공단 건설, 남북철도 · 도로 연결 등' 을 김정일에게 요구했다. 김정일이 대부분 우리의 요구에 합의했다. 정상회담의 개최 장소에 대해서만 서로 이견이 있을 정도로 진척되었다. 김정일이 러시아 이르쿠츠크에서 정상회담을 개최하자고 제안했다. 우리 정부는 김정일의 서울답방을 고수하다가 2002년 4월 22일에 "조기에 정상회담을 갖자는 데 동의하며, 개최시기는 6월 하순에서 7월 중순 사이가 좋겠으며, 장소는 판문점 우리 측 '평화의 집' 으로 하자"고 북한에 제안했다. 북한은 이에 대해 부정적인 내용의 회신을 보내왔다. 그러나 남북관계가 그렇게 경색된 것은 없었다. 2002년 4월 말 금강산에서 제4차 이산가족(849명) 상봉이 실현되었고 대북 비료지원(20만 톤)도 5월 말까지 제공됐다. 그리고 금강산 관광사업, 제주도 도민 250여 명의 방북

(5.10~15), 한민족복지재단 대표단 방북, 6 · 15 공동선언 2주년기념 남북공동행사(금강산) 등의 민간교류와 북측에서도 경수로 안전통제요원 25명의 방한교육(7.2~28) 등은 예정대로 진행되고 있었다.[78]

이를 통해 보면 한국의 대북지원과 우리가 정상회담 추진 등 남북관계 개선에 적극적일 때 북한이 무력 도발함을 알 수 있다.

7. 북한 어선이 NLL을 월선할 경우 이를 나포하고 심문(審問)을 철저히 해야 한다.

북한의 어업이 모두 경제난으로 파탄이 난 상황에서 북한의 수산업은 사실상 북한군이 민간어선으로 위장해 사업을 한다.[79]

그래서 NLL근해에서 조업하는 북한 어선은 대부분 군(軍)소속이고 승선원은 현역 군인과 군무원으로 널리 알려져 있다. 많은 북한 어선이 NLL근해에서 연중 조업한다. 성어기에는 북한 경비정의 감시 하에 야간조업까지 하면서 NLL을 침범하여 불법 조업한다. 우리 어선이

78) 임동원, 『피스 메이커』(서울: 중앙북스, 2008), pp.592-635.

79) "우리가 알아야 할 NLL의 모든 것", 『미래한국 Weekly 451호(2013. 7.15-7.28)』, p.21.

야간조업을 하지 않음을 이용하는 측면이 많다. 년 간 5~10척 정도가 NLL을 깊숙하게 월선한다. 우리 함정이 가까이 접근하면 "기관고장이다. 유류가 떨어졌다. 나침반이 없어서 항로를 잃었다. 안개 때문이다" 등으로 조난 핑계를 대면서 바로 돌아가기를 희망한다. 이들의 정탐 행위는 제2연평해전을 통해 확인된 바 있다. 한반도는 아직 정전(停戰)상태로 북한 승선원은 포로(捕虜)의 신분이 될 수 있다. 우리 국방부는 이들을 활용하여 정보를 획득하고, 북한에 잡혀있는 국군포로를 한 명이라도 빨리 모시고 와야 할 것이다.

그런데 우리 정부는 이런 사실을 간과하고 북한 어선을 인도적인 차원에서 그냥 돌려보내고 있다. 최근의 사례를 보면 북한군이 2011년 8월 10일 연평도 동북방 8㎞ NLL 남방 우리 수역에 두 차례(주간, 야간) 해안포사격 도발을 했다. 다음 날인 8월 11일에 북한선박 3척이 서해 NLL을 침범했다. 또 선박 1척이 8월 16일 서해 NLL을 침범 대청도 근해까지 멀리 내려왔다. 우리 정부는 선박과 승선원 모두를 신속히 북으로 돌려보냈다고 발표했다. 더구나 8월 11일 야간에는 북한 승선원의 말만 믿고 현장에서 연료까지 주어 돌려보낸 것은 아무래도 이상하다.

8. 방어해면법(防禦海面法)을 활용해야 한다.[80)]

방어해면법(법률 제4615호)은 군사상 방어를 요하는 해면의 구역을 지정하고, 그 구역 안에서의 항행(航行) · 어로(漁撈), 기타의 행위를 통제하여 해상작전의 원활한 수행을 위해 1963년에 제정되고 1993년에 최종 개정되었다. 전시와 평시에 모두 사용이 가능하며 선박통제(船舶統制)를 용이하게 한다. 방어해면구역 지정은 대통령이 국무회의의 심의를 거쳐서 하는 것이 정상적인 절차이나, 작전지휘관이 필요시 긴급히 지정할 수 있도록 되어 있다. 제3조(긴급지정)를 보면 '대 비정규전 · 해상전투 · 대 상륙방어전 등을 위한 군사작전상 긴급한 사유로 인하여 대통령의 방어해면의 지정을 기다릴 여유가 없을 때에는 합동참모의장 · 해군작전사령관 또는 함대사령관은 임시로 그 구역을 지정하고 이를 고시할 수 있다' 고 명시하고 있다.

예를 들면 1999년 제1연평해전, 2002년 제2연평해전, 2010년 천안함과 연평도 피격사건에서 사용이 가능한 법이다. 해상전투가 일어나기 전에 며칠간 적(敵) 해상활동의 이상 징후가 포착된다. 제1연평해전의 경우

80) 김성만, 『한 海軍의 이야기』 (서울: 조갑제 닷컴, 2008), pp.90-93, 280-283.

1주일 동안, 우리 수역 내에서 남북 함정이 서로 뒤엉키고 선체(船體)로 충돌하는(Ramming) 해상공방전이 있었다. 천안함 침몰 이후에도 적(敵)공격세력 수색, 전사자 탐색, 선체인양 등 인근해역에 대한 통제가 장기간 필요했다.

이같이 NLL근해에서 적(敵)의 해상도발이 예견될 때 바로 인근해역을 방어해면구역으로 선포하여야 한다. 적함의 남하를 차단함과 동시에 우리 선박과 제3국 선박의 이동을 제한함으로써 해상전투를 보다 원활하게 할 수가 있다. 연평도 어선의 출어통제, 북한 해주로 입항하는 제3국 선박과 NLL근해에서 조업하는 중국어선을 제한하는 것이 좋았을 것이다. 혹시 전투 중에 비 전투선박이 피해를 당할 경우도 고려해야 하지 않겠는가. 당시 이 법을 적용하지 못한 아쉬움이 남는다.

9. 유엔군사령부와 한미연합군사령부의 기능을 복원해야 한다.

유엔사는 1953년에 NLL을 설정했고 서해5도는 정전협정에 명시된 한국 영토다. 유엔사는 정전협정을 관리하는 기구로 최대 관심은 서해5도와 NLL이다. 한미연합사는 한국군과 미군이 연합작전[81]을 하기 위해 1978년에 창설된 군사기구이다. 한미연합사는 정전협정 관리를 위해 군사력을 유엔사에 지원한다. 한미연합사의 기능은 평시에 전쟁을 억제하고, 억제가 실패하여 북한이 전면전을 도발할 경우 북한군을 궤멸하고 한반도에 한국이 원하는 자유민주주의 통일을 완성하는 것이다. 한국 대통령과 미국 대통령이 50:50으로 한국 안보를 무한으로 책임지는 구조다. 특히 양국 대통령은 평시임무로 한미연합사에 연합권한위임사항(CODA)을 부여하여 "전쟁억제, 방어 및 정전협정 준수를 위한 연합 위기관리, 작전계획 수립, 연합합동교리 발전, 연합합동 훈련 및 연습의 계획과 실시, 연합 정보관리, C4I 상호운용성"에 관한 책임을 지속적으로 수행하도록 했다.[82]

그리고 한미연합군사령관(미국 육군대장)이 유엔군사령관 직무를 수행하고 있고 한미연합사 미군참모는 유엔군사령부와 주한미군사령부의 참모를 겸하고 있다.

---

81) 2개 이상의 국가에서 차출한 2개 이상의 부대가 같이 실시하는 작전이다.

82) 이상철, 『안보와 자주성의 딜레마』 (서울: 연경문화사, 2004), p.223. C4I는 지휘통제자동화체계로서 Command, Control, Communication, Computer & Intelligence의 약칭이며 한미연합군이 이 분야에서 상호운용성이 만족되지 않으면 연합작전 수행이 불가능하다.

한미연합사와 유엔사는 NLL과 서해5도 방어에 필수적인 조직이다. 그 실례(實例)가 2002년 제2연평해전에서 침몰된 참수리 고속정 357정 인양작전 지원 외에도 있다. 우리 해군이 대승(大勝)한 제1연평해전(1999.6.15) 당시 북한은 2차 · 3차 공격을 위해 대규모 함정(80여 척)과 항공기(활주로 엔진가동상태로 대기)를 준비해놓고 있었다. 그러나 이를 감시하고 있던 미국은 항모전투단을 한반도로 급파, 유엔사를 통한 대북경고 등으로 북한의 추가도발을 억제했다. 2010년 3월 26일 천안함 피격사건에서도 한미연합사/유엔사는 대북억제력 역할을 수행했다. 오바마 美대통령은 2010년 5월 24일 천안함 피격사건과 관련, 군 지휘부에 북한의 추가공격을 막기 위해 한국군과 긴밀히 협력하라고 지시했다. 이에 따라 전쟁억제 첨단전력이 한반도로 이동했다. 미국 본토에 있던 최신예 F-22A(랩터)전투기 24대가 한반도 주변(일본, 괌)으로 전진 배치된다고 세계일보가 군 소식통을 인용하여 2010년 5월 26일 보도했다. 미 7함대의 항모강습단도 핵잠수함과 함께 한반도로 이동했다. 그리고 북한의 연평도 포격도발(2010.11.23) 이후 최초로 실시된 연평부대 해상사격훈련 시(2010.12.20) 한미연합사와 유엔사는 연평도에 요원을 파견하여 북한의 추가도발을 억제했다.

일부 군사전문가는 일종의 총알받이로 해석이 가능하다고 했다. 이런 지원은 이후에도 계속되고 있다.

그런데 참여 정부의 잘못된 결정으로 한미연합군사령부가 2015년 12월 1일에 해체된다. 전시작전통제권 전환도 당일 완료된다.[83] 그리고 전작권 전환 이전에 유엔사와 한국군간 정전관리 책임 조정을 완료하기로 되어 있다.[84]

북한의 불안정으로 인한 한반도 안보위기는 하루 이틀에 끝나지 않는다. 미국의 한반도 전문가들은 천안함 사건이후 한결같이 '한미연합사 해체'의 위험성을 경고하고 나섰다.[85]

---

83) 참여정부의 요구로 2007년 2월 한미국방장관회담에서 2012년 4월 17일에 해체하기로 합의했다. 그러나 천안함 피격사건(2010.3.26)과 우리 국민 '한미연합사 해체반대' 1천만 명 서명달성(2010.5.28)으로 한미정상회담(2010.6.26)에서 해체일자를 2015년 12월로 연기했다.

84) 김성만, 『한국 국민의 두가지 선택』(서울: 상지피앤아이, 2009), pp.248-249. (제39차 SCM공동성명 9항, 제40차 SCM공동성명 11항 참조).

85) 미국 해병참모대의 브루스 벡톨 교수는 『전작권에 관한 7가지 치명적 오해』(동아일보 시론, 2010.4.14)에서 한국군이 적절한 능력을 갖출 때까지 전작권 전환은 미뤄야 한다고 강조했다. 벡톨 교수는 2013년 6월 28일 한국해양전략연구소 제6회 손원일 포럼(한미연합사 해체되면 미국에 어떤 득이 있을까?)에서 7가지 오해를 다시 지적했다. 美랜드연구소의 대북전문가인 브루스 베넷 박사는 2010년 4월 16일 "전시작전권이 전환되면 한국에 대한 미군의 증원전력 보장은 사실상 어렵다"고 주장했다. 그리고 빅터 차 미국 조지타운대 교수는 조선일보(2010.4.28) 칼럼에 『전작권 이양 연기하라』를 기고했다.

따라서 우리 정부는 한미연합사 해체(전작권 전환) 계획을 폐기토록 미국 정부와 재협상해야 한다. 한미연합사와 유엔사는 최소한 한반도가 한국 주도로 통일이 되든지 동북아에 다국적 안보기구(NATO 형태)가 창설될 때까지 존속하는 것이 바람직하다. 한미연합사 해체작업이 2013년 4월 기준 70%다. 이미 약화된 기능을 시급히 복원해야 한다.

제 5 장
맺는 글

제 5 장
맺는 글

남한과 북한이 해상 북방한계선(NLL)에 대해 처음 합의한 공식문서는 1991년 12월 13일에 체결된 남북기본합의서이다. 북한은 이후 NLL에 대한 지속적인 침범, 1996년 상어급잠수함 강릉해안 침투, 1998년 유고급잠수정 속초근해 침투, 1999년 제1연평해전 도발, 1999년 일방적인 '조선서해 해상군사분계선' 설정 주장 등으로 합의서를 사실상 무력화했다. 우리 정부는 1999년에 이를 당연히 폐기했어야 했다.

그런데 우리 정부는 오히려 "새로운 해상불가침 경계선 설정문제는 남북(南北)간의 문제로써 앞으로 군사적 신뢰구축 후, 새로운 해상경계선 설정이 필요할 경우 남북기본합의서에 합의한 바와 같이 남북군사공동위원회에서 논의되어야 한다"고 발표함으로써 NLL 재설정 가능성을 열어두었다. 그리고 북한의 2002년 제2연평해전 도발 시에도 이 합의서를 폐기하지 않았다.

우리 정부가 2005년부터 공동어로수역 설정에 관심을 보임에 따라 북한은 2006년~2007년 남북장성급회담에서 "서해 해상경계선의 재설정 문제가 해결되어야 공동어로수역 설정문제도 해결될 수 있다"고 주장하기 시작했다. 우리 정부는 이를 수용하여 남북국방장관회담에서 논의할 수 있다는 말미를 또 북한에게 주었다. 그리고 2007년 남북정상회담을 추진하는 과정에서 통일부 등은 국방부의 반대에도 불구하고 NLL 재설정 문제와 공동어로수역(평화수역)을 연계하여 검토하게 된다. 이런 사실이 외부로 알려지자 성우회, 재향군인회, 서해5도 등 옹진군 주민은 NLL 재설정(공동어로수역 설정)에 반대한다. 이런데도 불구하고 제2차 남북정상회담에서 공동어로수역 설정문제가 가장 큰 이슈로 토의되고 이것이 10 · 4선언에 명기되었다.

2007년 남북정상회담 대화록(노무현 대통령-김정일 국방위원장)이 국정원에 의해 2013년 6월 24일 일반자료로 공개되었다. 이를 두고 여야는 노무현 대통령의 'NLL

포기 발언' 유무를 놓고 논쟁을 하고 있다. 국정원은 대화록 논란과 관련, "서해 북방한계선(NLL)을 포기한 것"이라는 입장을 2013년 7월 10일 내놨다. 그리고 국방부는 2013년 7월 11일 발언록에 언급된 공동어로구역과 관련, "서해 북방한계선(NLL) 밑으로 우리가 관할하는 수역에 공동어로구역을 설정하는 것은 NLL을 포기하는 것으로 해석될 수 있다"고 밝혔다.

그러나 다행스럽게도 국방부가 제2차 남북국방장관회담(2007.11.27~29)과 제7차 남북장성급회담(2007.12.12~14)에서 북한의 NLL무효화 기도를 차단했다. 그리고 이명박 대통령은 한나라당(야당) 대선후보시절인 2007년 11월 2일 "NLL에 대해서 여러 얘기가 있지만 통일이 될 때까지 지켜야한다"라고 사수의지를 강하게 밝혔다. 그리고 이명박 정부(2008.2~2013.2)는 10 · 4 선언의 문제점을 알고 이를 실행하지 않았다.

해상 NLL은 해상군사분계선이고 해상휴전선이다. 서해5도와 대한민국을 지키는 영토선이고 국가생명선이다. 그런데 1999년부터 북한의 무효화(무력화)전략에 속아 NLL의 정체성이 훼손되고 있다. 가장 큰 훼손은 제2

차 남북정상회담에서의 일이다. 공동어로수역의 위치 설정이다. 지금이라도 이를 바로 잡아야 한다. 우리 정부는 우리 군이 NLL을 사수할 수 있도록 다음과 같은 대비책을 추진해야 한다: ① NLL 사수를 선포해야 한다. ② 남북 합의서를 정리해야 한다. ③ 서해5도와 주변해역에 군사수역을 설정해야 한다. ④ 해군 전력을 증강해야 한다. ⑤ 천안함 폭침에 대해 응징해야 한다. ⑥ 대북정책 추진에 신중해야 한다. ⑦ 북한 어선이 NLL을 월선할 경우 이를 나포하고 심문(審問)을 철저히 해야 한다. ⑧ 방어해면법(防禦海面法)을 활용해야 한다. ⑨ 유엔군사령부와 한미연합군사령부의 기능을 복원해야 한다.

그리고 앞으로 ▲ 제2차 남북정상회담과 북한의 2009년 NLL무효화 선언, 서해5도 법적지위 미(未)보장 선언, 서해5도 활동함정 안전 미(未)보장선언과의 관계 ▲ 제2차 남북정상회담과 천안함/연평도 피격사건과의 관계 ▲ 1994년 이후 유엔사 기능약화가 NLL사수에 미친 영향 ▲ 1990년 군령권(軍令權) 합참으로의 전환이 NLL사수에 미친 영향 등에 대한 추가적인 연구가 필요하다.

부록 및 참고문헌

부 록

북한의 주요 해상도발

북한은 1962년 12월에 4대 군사노선[86]을 채택하여 군사력 증강을 대대적으로 추진했다. 군사력과 경제력에서 모두 북한에게 뒤진 한국은 1967년부터 1973년 서해사태(서해5도 봉쇄사건)까지 북한의 각종 무력도발에 시달리게 된다. 박정희 대통령은 해군력 증강에 치중하여 고속정(PK, PKM), 호위함(FF)과 초계함(PCC)을 대대적으로 건조했다. 이후 상당기간 우리 해군이 우세를 달성함에 따라 북한의 해상도발은 거의 억제되었다. 그러다가 북한이 잠수함 전력에서 대남우세를 크게 달성하고 해안지대함(地對艦)유도탄 기지 건설이 완료되자 1996년부터 해상도발을 다시 시작했다. 지금까지 계속되고 있다. 북한의 해상도발은 수없이 많아 대표적인 것만 살펴보자.

---

86) 전 인민의 무장화, 전 국토의 요새화, 전군의 간부화, 전군의 현대화.

1. 당포함 침몰

전방지역 해안포 배치에 성공하자 북한은 1967년 1월 19일 동해 NLL근해에서 어로보호 작전 중이던 우리 해군의 당포함(PCEC-56함)을 해안포로 공격했다. 당포함은 함포로 적(敵)해안포 진지와 끝까지 교전했으나 결국 침몰되고 39명이 전사, 30명이 부상했다.[87)]

당포함(만재톤수 650톤, 79명)은 어로보호 작전에 참가하여 어선단을 통제 보호하는 임무를 수행하고 있었다. 그런데 이날 14:20분 경 갑자기 어로통제선 북쪽으로부터 북한 PBL형(1,500톤) 경비함 2척이 평화스럽게 조업하

〈그림9〉 침몰중인 당포함

87) 해군본부, 『해군일화집(제2집)』(해군본부: 해군인쇄창, 2006), pp.277-286.

고 있는 우리 어선들에 접근, 납북(拉北)을 시도했다.

당포함은 이를 저지하기 위하여 연안으로 접근하여 우리 어선들을 남하시키고 있을 때 북한군 육상 해안포대(122㎜)가 기습 포격(280여 발)을 가해왔다. 당포함은 어선단 전방에서 방패 역할을 하면서 함포(3인치, 40㎜) 170여 발을 적 해안포 진지로 대응 사격했다. 적 해안포의 집중공격을 받은 당포함은 끝까지 용전분투하였으나 이날 14:34분, NLL 근해에서 침몰위기에 놓였다. 현장에 제일먼저 도착한 우군함(PCEC-53함)은 화염에 쌓인 당포함을 구조코자 예인(曳引)을 시도했다. 그러나 이미 함체가 우현으로 많이 기울어 예인을 포기하지 않을 수 없었다. 당포함은 잠시 후 39명의 전우들과 함께 동해의 깊은 바다 속으로 영원히 그 모습을 감추었다. 이렇게 천둥치는 포연과 엄동의 바다에서 300여 척의 어선과 어민의 생명을 구하고 조국과 민족의 방패되어 그 생애를 마친 것이다.[88)]

88) 권주혁, 『바다여, 그 말하라!』 (대구: 도서출판 중앙, 2003), pp.150-193.

2. 서해 사태(일명 서해5도 봉쇄사건)

북한은 1970년 11월 조선노동당 제5차 당대회에서 '전쟁준비 완료'를 선언했다. 1972년 남북7 · 4공동성명 채택으로 한반도에 평화무드가 조성되었다. 그러나 북한의 해상도발은 오히려 격화되기 시작했다. 가장 큰 해상도발은 '서해 사태'다. 북한 함정은 1973년 10월~11월 무려 43회에 걸쳐 서해 NLL을 의도적으로 침범했다. 하루에도 함정 10~20여 척이 10해리(18.5㎞)까지 월선 · 남하하여 한국 함정을 포위하면서 우리 해역을 유린했다. 어뢰정은 편대(3척)로 우리 함정에 접근하여 어뢰 모의발사훈련 기동을 하기도 했다. 백령도와 대청도로 이동하는 여객선과 화물선을 위협했다. 항로를 남쪽으로 변경하여 우회항로를 택했는데도 항해를 교란했다. 심지어 백령도로 가던 해군 상륙함(LST)을 포위하고 진로를 가로 막았다. 북한 함정이 백령도 동방 1,000야드, 소청도 북방 1,300야드까지 접근했다. 북한 전투기의 백령도서군 영공침범도 있었다. 이런 침범도발은 1975년까지 계속되었다. 우리 해군은 가용한 함정을 모두 투입했다. 구축함의 5인치(127㎜)함포와 호위함의 3인치(76㎜) 함포로 적(敵)함정을 위협했다. 작전참가 함정은 하루 종일 전투배치로 지새는 날도 있었다. 당시

함장들은 일전을 각오하고 공세적인 작전을 전개했다. 박정희 대통령은 북한도발에 강력하게 대응토록 지시했다. 북한은 오히려 우리 구축함 충무함(DD-91함)과 전북함(DD-96함)이 1973년 11월 27일~28일 백령도 · 대청도 · 소청도 서쪽 해상에 침투하여 북한 측에 대한 정탐행위와 해군 함선들의 정상적 임무를 수행하지 못하도록 고의적으로 방해하는 도발적인 적대행위를 했다고 주장했다. 이렇게 억지주장으로 생트집을 잡고 늘어졌다.[89)]

다수의 북한 무장어선이 1975년 2월 26일 집단으로 백령도 서방 홍어 황금어장에 넘어와 불법조업을 하고 있었다. 서울함(DD-92)은 북한어선 나포를 시도했다. 서울함(3,000톤)은 교묘히 회피기동하던 북한어선(대형)을 충돌하여 침몰시켰다. 이를 목격한 북한어선들은 황급히 북쪽으로 도주했다. 이후 북한의 사곶 기지로부터 보복적인 유도탄 공격이 예상되어 서해경비분대 함정들은 부산함(DD-93) 지휘아래 편대기동을 하도록 지시되었다. 사곶 기지를 중심으로 북한 함정들의 활동이 활발했다. 해주 상공에는 북한 공군기가, 덕적도 상공에는 우리 공

89) 국방부 군사편찬연구소, 『군사분계선과 남북한 갈등』(서울: 국군인쇄창, 2011), pp.175-176.

〈그림10〉 구축함 서울함

군기가 다수 출격하여 대기상태에 있어 실로 전쟁 일보 직전으로 긴장이 고조되었다.

서해 경비함정들은 적(敵)의 STYX함대함유도탄(사거리 46㎞)과 어뢰정들에 의한 어뢰공격에 대항할 만반의 태세를 갖추고 야간 경비에 임했다. 그날 밤(1975.2.26) 20:00시경 사곶항으로 부터 매우 빨리 남하하는 적(敵)의 해상 접촉물을 접촉하자 우리 전 함정은 전투배치를 하면서 대치했다. 적함 4척이 사열진(Line of Bearing)을 형성하여 접근했다. 부산함은 사격통제장치로 적함을 추적하고 있었다. 그러나 적함은 겁을 먹고 12,000야드에서 변침하여 북쪽으로 돌아갔다.[90)]

북한은 당시에 백령도 점령계획까지 수립하고 도발한 것으로 나중에 알려졌다. 서해사태를 주도한 자가 바로 김정일(金正日)일임이 추후에 확인되었다. 김일성은 1960년대 말부터 김정일을 신임하기 시작했다. 김정일은 이를 기화로 70년대 초반에 군권(軍權)을 먼저 장악했다. 서해 사태와 같은 무력도발을 통해 후계자로서의 강한 이미지를 구축해 나갔다. 결국 김일성은 1974년 2월에 김정일을 후계자로 지명했다.

3. 상어급 잠수함과 유고급 잠수정 동해 침투

북한은 고난의 행군(1994년~1998년) 기간에 300만 주민이 굶어 죽어갔다. 체제생존까지 걱정해야 할 절박한 상황이었다. 그러나 김정일은 모든 자원을 동원하여 핵무기를 제조하고 장거리미사일 개발에 매진했다. 북한은 1996년에 핵무기 5개를 제조하여 실전에 배치하는데 성공했다.[91]

김정일 정권은 핵무기를 등에 업고 본격적으로 무력도발에 나서기 시작했다. 도발해도 핵무기로 인해 한국이 보복할 수가 없다는 것을 북한은 알기 때문이다. 바로

90) 해군본부, 『해군일화집(제4집)』, (해군본부: 해군인쇄창, 2006), p.139.
91) 황장엽 前 北노동당 비서(2010년 사망)의 성우회 강의록(2009.11) 참조. 황장엽, "北, 핵무기 쓰고 남을 만큼 만들어", 연합뉴스, 2006.10.12.

〈그림11〉 좌초된 상어급 잠수함

잠수함정을 이용한 대남 침투를 시작했다.

북한 상어급 잠수함(325톤) 1척이 1996년 9월 18일 강릉 해안에 좌초한 사건이 발생했다. 이후 1998년 6월 22일에 북한 유고급 잠수정(65톤)이 속초근해 꽁치어망에 걸린 후 도주하다가 우리 해군에 나포된 사건이 또 있었다. 두 사건 모두 북한군의 부주의로 우리에게 발각된 것이다. 우리 군은 이들의 침투를 사전에 탐지하지 못했다. 유고 잠수정 나포문서에서 여러 차례 더 침투한 것으로 언론에 보도되었다. 해군 선진국도 수중으로 침투하는 소형 잠수함정을 탐지하기가 쉽지 않다. 잠수함정이 수중항해로 타국의 영해를 무단으로 침범하는 것은 명백한 정전협정 위반이다.[92)]

92) 북한은 나중에 상어급 잠수함 침투사건을 인정하고 우리 정부에 유감을 표명했다.

북한은 잠수함정의 잇단 사고가 발생하자 이후 무력 도발을 서해지역으로 전환한 것으로 보인다.

4. 제1연평해전

제1연평해전은 1999년 6월 15일 오전 9시 28분 발발(勃發)했다. 북한 함정들은 6월 7일부터 옹진반도 남단에서 조업 중인 북한 꽃게잡이 어선들을 보호한다는 명목으로 NLL을 지속적으로 침범했다. 우리 해군은 이들을 퇴거하기 위해 '밀어내기식' 차단작전을 구사했다. 이에 대해 북한이 먼저 '선체 충돌공격'으로 나왔다. 우리도 대응하여 충돌공격을 가했다. 이런 기동과정에서 북한 어뢰정과 경비정은 6월 15일 소총과 함포로 기습공격을 가해왔다.

〈그림12〉 325정이 적함을 충돌하는 장면

14분간의 치열한 교전 끝에 북한군은 어뢰정 1척이 침몰하고 함정 5척 대파(大破), 4척 중파(中破)의 큰 피해를 입었다. 30여 명이 사망하고 70여 명이 부상했다. 반면 우리 해군은 초계함 1척과 고속정 4척의 선체가 일부 파손되고 장병 9명이 경상을 입었다. 우리 해군이 압승(壓勝)했다. 제1연평해전은 6 · 25전쟁 이후 남북한 최대 규모의 정규전이었다.

교전 직후 북한은 패전(敗戰)을 만회하기 위해 추가도발을 준비했다. 이례적으로 교전발생 5시간 만에 북한중앙통신을 통해 '백배, 천배의 보복 타격' 을 가할 것이라고 협박했다. 미국 항공모함전투단이 한반도로 급파됨에 따라 위기가 해소되었다.

5. 제2연평해전

제2연평해전은 FIFA 월드컵 3~4위전이 열렸던 2002년 6월 29일 오전 10시경 남북해군 간의 두 번째 정규전이다. 서해 NLL을 침범한 북한 등산곶경비함(PCF684, 경하 215톤)이 우리해군 고속정 357정(PKM, 경하 135톤)에 기습공격을 가해 발생했다. 연평도 서쪽 7해리(13㎞) 해상에서다. NLL을 침범한 북한 경비함은 경고

〈그림13〉 357정 인양

신호로 퇴각을 요구하는 우리 357정을 향해 근거리(900m)에서 갑자기 85㎜와 35㎜함포 사격을 가해왔다. 이에 우리 고속정편대(357, 358정)는 40㎜함포와 20㎜벌컨포로 대응했지만 역부족이었다. 25분여의 교전으로 우리는 6명이 전사하고 19명이 부상했다. 357정은 동료 고속정이 예인(曳引)하던 중에 과도한 침수(浸水)로 침몰했다. 북한 684도 고속정의 근접사격과 초계함(경하 940톤) 2척의 원거리 사격으로 13명이 사망하고 25명이 부상했다. 북한 684함은 함교(艦橋)와 포대(砲臺)가 대파한 가운데 화염에 휩싸인 채 동료함정(北388)에 예인되어 북쪽으로 쫓겨 갔다. 당시 연평어장에는 우리 어선 50여 척이 조업하고 있었다. 북한 경비정은 우리 어선을 납치하기 위해 전속력으로 접근했다. 우리 고속정편대가 중간에서 접근을 차단하자 적(敵)이 먼저 공격한 것이다. 해군의 보호로 우리 어선은 피해를 입지 않았다.

6. 대청해전

2009년 11월 10일 오전 11시27분경 서해 대청도 동방 11.3㎞ 해상에서 일어난 해전이다. 북한 경비정(PCS-383)[93]과 우리 고속정(PKM) 325정 간의 전투다. 북한 경비정이 NLL을 먼저 침범했다. 우리 해군이 경고통신으로 경고했다. 북한 경비정은 경고통신을 무시한 채 2.2㎞를 넘어와 계속 접근했다. 우리 325정이 교전규칙에 따라 경고사격을 했다. 북한 경비정이 325정을 향해 직접사격을 가해왔다. 우리 고속정은 자위권에 따라 대응사격(격파사격)으로 적(敵)경비정을 퇴각시켰다. 우리 해군의 사상자는 발생하지 않았다. 적(敵)함정은 연기가 날 정도로 반파되어 북쪽으로 도주했다. 북측은 최소 1명 사망, 3명 부상의 인명피해가 발생한 것으로 알려졌다.[94]

93) 1999년 6월 제1연평해전 때도 참가했다. 당시 이 경비정은 우리 함정의 함포공격을 받았다.

94) 吳東龍, "完勝 거두고도 '쉬쉬' 하는 까닭은?", 『월간조선』 2009년 12월호, p.634.

〈그림14〉 고속정 325정

우리 325정은 조타실 및 통신실 등 좌현 선체에 탄흔 23개의 경미한 손상을 입었으나 인명피해는 없었다. 이는 제2연평해전의 교훈에 따라 함교(艦橋) 인근 선체 외부격벽 일부에 방탄 장갑판을 설치한 덕분이다.

7. 천안함 폭침(爆沈)

우리 해군 천안함(초계함)이 2010년 3월 26일 21:22분 경에 수중 폭발물에 의해 선체가 두 동강나 침몰했다. 천안함(PCC-772, 만재 1,200톤)은 백령도 서남방 2.5㎞ 해상에서 NLL과 서해5도를 경비하고 있었다. 백령도 영해 내에서 평상적인 초계활동 중에 기습을 당했다. 승조원

104명 중에 58명은 구조되었으나 46명은 침몰함체와 같이 수장되어 순국했다.

국제민군(國際民軍)합동조사단의 발표(2010.5.20) 내용은 다음과 같다: 천안함은 어뢰에 의한 수중폭발로 발생한 충격파와 버블효과에 의해 절단되어 침몰되었다. 폭발위치는 가스터빈실 중앙으로부터 좌현 3m, 수심 6~9m정도이며, 무기체계는 북한에서 제조한 고성능폭약 250kg규모의 어뢰로 확인되었다. 북한 연어급 잠수정과 이를 지원하는 모선(母船)이 천안함 공격 2~3일전 서해 해군기지를 이탈했다가 천안함 공격 2~3일 후 기지로 복귀한 것으로 확인됐다. 북한 잠수정은 3월 23일 백령도에서 80여km 떨어진 황해남도 비파곶 잠수함기지를 모

〈그림15〉 천안함 함수 인양

선과 함께 출항, 한미 정보당국의 감시를 피해 이동했다. 모선은 이 잠수정에 각종 지원을 하고 잠수정 안전에 문제가 생겼을 때에 대비해 함께 출항한 것으로 알려졌다.

공해상으로 'ㄷ' 자형으로 우회해 3월 25일 오후 백령도 서쪽 해저에 도착한 잠수정은 수중에서 하루가량 공격목표를 기다렸던 것으로 추정된다. 3월 26일 밤 천안함을 발견한 잠수정은 천안함 왼쪽으로 3㎞쯤 떨어진 해저의 수중 10m쯤 깊이에서 잠망경으로 천안함 움직임을 확인한 뒤 CHT-02D 어뢰를 발사한 것으로 군 당국은 추정하고 있다. 당시 천안함은 수심 30~40m의 해역에 있었지만 잠수정은 먼 바다쪽 수심 40~50m 이상 되는 수역에 있어서 어뢰발사에 문제가 없었을 것으로 분석됐다. 군 소식통은 "북한 잠수정이 천안함을 공격한 3월 26일 밤 9시22분은 조류의 흐름이 느린 정조시간대로 공격에 용이한 시간대를 노려 공격한 것 같다"고 말했다. 북한 잠수정은 천안함을 공격한 뒤 3월 28일 오후 비파곶 기지로 복귀했다.

천안함을 공격한 북한 연어급 잠수정은 북한이 자체 설계·건조한 130톤급으로 신형이다. 상어급 소형잠수함(325톤)과 유고급 잠수정(85톤)의 중간쯤 된다. 길이 29m, 폭 2.75m, 디젤엔진-배터리 추진으로 속력은 수

〈그림16〉 북한 연어급 잠수정

상 11노트(20㎞), 수중 8노트(14.8㎞)이다. 무장은 533㎜ 어뢰발사관 2개(중어뢰 2기)다. 최근 수출용으로 건조해 야간투시장비 등 고성능 장비를 구비했고, 선체 은밀성(Stealth)을 위해 특별한 구조를 갖추고 있다. 북한이 이란에 3척을 수출한 가디르(Ghadir)급과 같은 것으로 보고 있다.[95]

천안함을 공격한 어뢰는 북한산 'CHT-02D'로 확인되었다. 음향항적 및 음향수동 추적방식이다. 길이 7.35m, 무게 1.7톤, 폭발장약 250kg인 중(重)어뢰다. 최

95) "['천안함 北소행' 공식발표] 北연어급잠수정, 공격 이틀 전 사라졌다 이틀 후 나타나", 『조선일보』, 2010.5.21.

대 사거리는 10~15㎞이다.

그리고 천안함이 기습을 당한 이유는 잠수함 탐지능력이 부족해서다. 천안함은 함수선저(艦首船底)에 잠수함정 탐지용 고정형 수중음탐기(水中音探器, Sonar)를 장착하고 있다. 음탐 당직은 적(敵)잠수함을 탐지하고 식별하는 중요한 근무이므로 24시간 소나체계를 운용한다. 그러나 천안함 소나는 성능이 부족하여 연어급 잠수정(130톤)을 원거리에서 탐지하기가 어렵다. 국방과학연구소(ADD)의 시뮬레이션 결과 사건발생 당일인 3월 26일 백령도 근해 수심 30m 기준으로 해양환경을 대입해 판단할 때 약 2㎞ 전후에서 탐지할 수 있는 확률은 70%이다.[96] 적(敵)전술, 당일 기상, 해양환경 등으로 분석한 결과 잠수정은 약 3㎞ 거리에서 어뢰를 발사한 것으로 추정하고 있다. 따라서 천안함은 잠수정의 접근을 사전에 탐지할 가능성이 거의 없다. 그리고 당시 해상은 파고 2.5m(너울동반), 남서풍 20노트로 평소보다 기상이 불량했다. 파도로 인한 주변 소음이 소나에 강하게 들어온다. 그래서 어뢰의 접근도 탐지가 어렵다.

96) "침몰사건 의혹관련 국방부 입장", 『국방일보』, 2010.4.6.

참고문헌

1. 단행본

- 국방부, 『2012국방백서』
- 국방부 군사편찬연구소, 『군사분계선과 남북한 갈등』(서울: 국군인쇄창, 2011)
- 권주혁, 『바다여, 그 말하라!』(대구: 도서출판 중앙, 2003)
- 김성만, 『천안함과 연평도』(서울: 상지피앤아이, 2011)
- 김성만, 『한국 국민의 두가지 선택』(서울: 상지피앤아이, 2009)
- 김성만, 『한 海軍의 이야기』(서울: 조갑제 닷컴, 2008)
- 김세방, 『전시작전통제권 전환, 한미연합사 해체』(서울: 도서출판 우리, 2007)
- 문재인, 『문재인의 운명』(서울: 가교출판, 2011)
- 이상철, 『안보와 자주성의 딜레마』(서울: 연경문화사, 2004)
- 임동원, 『피스 메이커』(서울: 중앙북스, 2008)
- 정동영, 『개성역에서 파리행 기차표를』(서울: 랜덤하우스, 2007)
- 해군본부, 『해군일화집(제2집, 제4집)』,(해군본부: 해군인쇄창, 2006)
- 해군본부, 『해군』2010년 05 · 06월

• 해군본부, 『NLL, 우리가 피로써 지켜낸 해상경계선』(국군인쇄창, 2011년)

2. 언론보도

국방일보, 동아일보, 서울신문, 연합뉴스, 유용원 군사세계, 인터넷 신문(konas.net), 조갑제 닷컴, 조선일보(조선닷컴), 중앙일보, 한겨레 뉴스

국방부 인터넷 홈페이지(www.mnd.mil.kr)

미래한국미디어, 『미래한국 Weekly 451호』(2013.7.15-7.28)

신동아 2006년 7월호

월간조선 2009년 12월호

국립중앙도서관 출판시도서목록(CIP)

바다는 잠들지 않는다 / 저자 : 김성만. -- [서울] : 21세기 군사연구소, 2013
p. ; cm

ISBN 978-89-87647-56-2 03390 : ₩10,000

해군[海軍]
국방[國防]

397.0911-KDC5
359.009519-DDC21
CIP2013019446